The Unique World

方
寸

方寸之间　别有天地

THE HIDDEN LANGUAGE OF CATS

喵星语解密手册

HOW THEY HAVE US AT MEOW

〔英〕莎拉·布朗 —— 著
Sarah Brown

许可欣 —— 译　　张劲硕 —— 审校

社会科学文献出版社
SOCIAL SCIENCES ACADEMIC PRESS (CHINA)

CONTENTS
目　录

前　言

20 世纪 80 年代末，我作为一名年轻科学家，踏上了这段激动人心的旅程，投身于家猫行为学研究。我从探究群居环境中绝育猫如何彼此交流开始，深入研究它们与人类沟通的方式。时光荏苒，三十载光阴已逝，我阅猫无数，但这场冒险仍在继续。

研究猫的行为，实际上是在严谨的科学精神与对研究对象无法抑制的喜爱之间寻求一种微妙且时常充满挑战的平衡。早在 1911 年，实验心理学的先驱爱德华·桑代克（Edward Thorndike）在其著作《动物的智慧》（Animal Intelligence）中便指出："人性中普遍存在一种倾向，即竭力发现事物的美好。"他认为，这种倾向可能导致人们在选择研究课题和解读结果时丧失一定的客观性。简言之，一位严谨的动物行为学家应当努力保持客观，避免因对研究对象的主观偏好而使分析结果产生偏差。

在攻读博士学位的初期，我满腔热忱，渴望发现有关猫

I

的新事实。爱德华·桑代克的警示如同悬在我心头的警钟，时刻提醒我：唯有严谨的规划与分析，才能使我的研究在"正统"科学殿堂中留下坚实的印记。因此，我忠实于数据采集，严谨推演，最终遵循着这一原则完成了博士学位。从研究的第一天，我面对第一只猫开始，这些神秘生物就不断带给我惊喜——它们超凡的适应力、出众的才智以及顽强的精神，令我深深折服。即便如此，我始终坚守科学的严谨性，同时也在这个过程中，无可救药地被猫的无穷魅力所俘获。

本书探讨了家猫如何从其野生祖先——独居的北非野猫驯化而来，进而与全球众多"猫奴"建立起亲密的宠物伙伴关系。仅在美国，家里至少养一只猫的家庭就超过 4500 万户。[1]它们究竟是如何实现这一惊人转变的？这些古老的野猫又是如何悄无声息地渗透进我们的家庭与心灵深处，让我们心甘情愿为其提供衣食无忧、备受宠爱的生活的？答案很简单，它们学会了和我们交流。此外，猫也学会了互相交流，而这是一个猫与狗在被对比谁是人类最佳伙伴时很少被承认的现实。无论是狗还是其祖先狼，皆为具有复杂社群行为的群居动物，它们世代传承着一套精密而互动丰富的行为模式——一部与他者沟通的完备指南。相比之下，猫从它们那些相互间来往甚少的臭脸祖先身上继承的社交技巧可谓少得可怜。因此，与我们谦逊忠诚的犬类朋友相比，猫的社交学习之路显得更为曲折且漫长。

通过对我和其他科学家的研究成果进行深入剖析，我们将揭示家猫如何在原有的以嗅觉为核心的沟通体系之上，创造性地构建出一套适应与人类及其他猫共同生活的新型信号和声音系统。虽然它们为提高交流效率付出了巨大的努力，但我们对它们的语言真正理解了多少呢？猫又是如何看待和理解我们的？在它们眼中，我们是拥有支配地位的"主人"，还是仅仅被看作嗅觉较差的大型双足同类？本书正是致力于破解这些谜团的科学探索，并通过分享一些揭示这一交流演变过程的神奇的猫咪实例，帮助我们更深入地理解这些毛茸茸伴侣的内心世界。

神奇的猫

　　我驾驶着那辆老旧的学生车，经过一段崎岖的弯道，终于颤巍巍地攀上最后一段山路。抵达山顶，一座宏伟而庄重的建筑赫然显现：在一片荒凉中立着一座高大的红砖砌筑的维多利亚式医院，犹如哥特小说中的典型场景。我谨慎地驾车驶入院区，环顾四周。这座医院于 1852 年投入使用，彼时其名称略带贬义，被称为"县精神病院"。当我首次踏足此地时，已过去了 130 年，它仍保持着运营状态，现在已更名为更加恰当的"精神疾病诊疗中心"。然而，吸引我此行目光的并非医院本身，而是院门外的另一番景象——我来这里实则是为了探寻一群猫的生活日常。

　　当我遇见那位充满热情、友好且乐于助人的接待主管约翰时，内心紧张的情绪瞬间舒缓下来。他以令人倍感亲切的方式引领我参观了医院的各个角落，并详细讲述了这家医院内闻名遐迩的猫群背后的故事。原来，这个流浪猫群是由两部分截然不同的成员构成：一部分是极难亲近的流浪猫；另一部分则是相对亲和甚至会主动向人示好的友善猫。约翰解释，由于医院位置偏远，久而久之，这里成了周边地区众所周知的宠物猫弃置点。正是这一特殊境况，导致了如今猫群内部复杂的社会结构。最初的流浪猫们被无情地遗弃于此，它们无人照料，自行繁衍，一代又一代在远离人类社会的环境中成长起来，逐渐形成了野性十足且性格孤僻的特点。与此同时，猫群的组成还在不断变化，新的成员源源不断地加入。主人会因种种原因在夜幕掩护下驱车将可怜的猫送至此处，无情遗弃。与那些久居野外的同类不同，这些新来的猫往往保留着与人类家庭相处的记忆，它们虽遭遗弃，却依然对人类友善，乐于与途经此处的人们互动和产生联系。

约翰并不清楚这些流浪猫到底在这里待了多少年，但可以肯定的是，早在 20 世纪 60 年代就已经有了关于它们的记录。当时，护士们会在工作间隙为它们提供食物，医院也曾尝试定期为这些猫进行绝育手术，以控制数量。然而，由于不断有新的猫被遗弃至此，这场控制猫群规模的斗争似乎永无终结之日。

那天，我们在医院周边遇到了数量众多的猫。正如约翰所预料的那样，一些猫明显营养充足，悠然自得，显然它们已经适应了与人类共处的生活。每当我们在它们晒太阳的角落经过时，它们会主动向我们靠近，毫不畏惧。然而，另一些猫则极度警觉，任何轻微的动静都会导致它们迅速逃离，以至于你可能完全错过它们——它们仅在你视野的边缘留下一道疾速消失的模糊身影。

医院占地面积广阔，建筑布局独具匠心，各栋翼楼依不同方位延展，自然而然地围合出一片片独立的庭院空间。这样的构造使得猫群分散开来，形成规模更小的亚群体。建筑物内部隐藏着庞大的地下空间，其中纵横交错着大型供热管道，构成了传统的地暖系统。通风井从这些温暖的地下室直通庭院砖墙上的通风口，这些通风口成为猫群最理想的栖息之所。无论我靠近哪一个通风口，都能看见里面探出一张脏兮兮、毛茸茸的小猫脸。庭院的四周更是游荡着众多寻找食物或休憩之地的猫。这段时间，我一直致力于寻找一个稳定、规模适中的流浪猫群，以便深入研究和观察它们之间的互动行为。这所大医院中恰好拥有众多这样的群体。当我开车离开时，我确信，这里将成为我启动研究的理想起点。

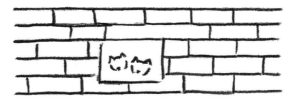

面对这片浩瀚的猫之海洋，我在初期筛选合适的研究对象时确实感到有些无所适从。我开始在医院园区内展开巡查，对庭院内的猫进行细致的观察和记录，在印有猫轮廓线的纸张上记录我所观察到的细节。我用正视图、左视图、右视图等不同角度图记录猫的特点，为每只猫都构建了"猫脸肖像"。经过几周的艰辛工作，我对猫群的活动规律有了基本的掌握，比如哪些猫有固定的出没地点，哪些喜欢四处游荡，哪些又更倾向于留守同一处所。我还为每只猫写了简短的描述，回看这些笔记时总能带来许多乐趣。例如，关于"锅炉房猫"的记录

5

是"黑白花斑，佩戴红色项圈，性格友善"；对"电工猫"的描述则是"全黑毛色，体形硕大，佩戴白色项圈，厌恶女性"。不过，我仅在一次观察中见证了这只"电工猫"对女性的排斥行为。

随着医院周围猫的分布模式的清晰，一个特殊的群体吸引了我的注意。在一个院子里，每天会有人在固定时段为它们提供食物——病房清理出来的剩饭会被放置在院落外，供饥肠辘辘的猫享用。这种规律的食物投放加之舒适的栖息环境，使得这片区域成了众多猫首选的聚集地，形成一个相对稳定的社群。在这群核心成员中，有五只猫尤为引人注目：贝蒂（Betty）、塔比莎（Tabitha）、内尔（Nell）、托比（Toby）和弗兰克（Frank）。其中，弗兰克时常会离开院落去远方探险，但总会按时回归，与其他四位伙伴共享餐食。由于它们每日都会准时出现在这个特定位置，且便于从适宜距离观察其行为互动，所以成了我进行猫社交行为详细观察的理想研究样本。因此，贝蒂、塔比莎、内尔、托比与弗兰克共同构成了我首项研究的核心小组——在后续章节中，我们将一同深入探寻这一"五猫组"的精彩故事。

在对医院猫群进行研究的同时，我开始寻觅下一个研究目标。彼时，我在英格兰南安普敦大学人与动物关系学研究所（Anthrozoology Institute at University of Southampton）担任研究助理。一天，我们接到了一通电话，得知当地一所学校的地下空间栖息着一群流浪猫。该校校长及校董事会长期苦于这群猫的存在，遂联系了本地一家口碑颇佳且专精于捕捉这类难以接近的流浪猫的动物收容所，策划了一场捕猫行动。一个夜晚，我们携带着大量人道化的猫笼与金枪鱼罐头，驱车前往现场。数小时后，我们在各处布设了诱饵并启动了捕猫陷阱，静候那些在夜幕降临后因饥饿难耐而步入笼中的猫。随

后几天，这个猫群成员的个体特质逐渐显现。部分猫轻易地落入圈套，被送至收容所和兽医诊所接受除寄生虫、除跳蚤、注射疫苗、绝育等一系列必要治疗，过程中并未展现出强烈的抵触情绪；另一些则更具挑战性，需耗费更多精力与策略才得以诱捕入笼。这些猫之中，尤为值得一提的是一只被唤作"大橘"（Big Ginger）的猫。他因体形硕大、面部遍布橘色斑纹而得名，连续多日藏匿于人难以进入的角落缝隙之中，直至一个漆黑寂静的夜晚，终究未能抵御住沙丁鱼的诱惑而"落网"。至此，我们成功地诱捕了所有猫。

尽管它们有时会表达不满，但相较于其他流浪猫，大橘及其群体无疑是幸运的。在这批猫中，一些怀有身孕的母猫在救援中心温暖舒适的环境中顺利分娩并哺育了幼崽。这些小猫崽由于年龄尚小，完全有机会与人类建立起亲密的社交联系，最终均被细心的家庭领养。相比之下，成年猫早已习惯自由自在的生活方式，对与人类同居感到难以适应。我们在一座经过改造、现已成为苗圃的废弃老农场为这群成年猫找到了一个全新的户外家园。在获得许可后，我们在此搭建了临时棚屋作为我们的基地，并被允许每天进入该区域为猫提供食物及进行观察。在我无法亲临现场的日子里，我的同事们会代为履

行喂食职责。只要有机会，我便会在那里度过几个小时，离开前为每只猫分配一份罐头作为晚餐。我给每只猫都起了名字：希德（Sid）、黑头（Blackcap）、小黑（Smudge）、佩妮（Penny）、黛西（Daisy）、小灰（Dusty）、格蒂（Gertie）、甜甜（Honey）、小鬼（Ghost）、贝基（Becky），当然还有大橘。

在接下来的几年里，医院和农场的猫群成为我生活中不可或缺的一部分。这些猫大多保持着一种社交互动疏离且有限的状态，与我保持着一定的距离，几乎不会特别留意我的存在。这恰恰是我所期待的——观察它们在其他猫群中间自然展现的行为模式。

正如欧内斯特·海明威（Ernest Hemingway）所言，"有了一只猫，便会有另一只猫"。因此，在本书中，你会发现猫儿们层出不穷。这些年来我邂逅的每一只猫都让我深刻了解猫与猫之间、猫与人之间的种种关联。在担任行为顾问的日子里，我有幸结识了许多优秀的猫主人及其宠物猫，见识到了猫与人之间丰富多样的相处模式。第2章便讲述了这样一对典范：琼斯太太（Mrs. Jones）与她可爱的塞西尔（Cecil）。此外，我家中的宠物猫——布西（Bootsy）、小黑、小虎（Tigger）和查理（Charlie）亦会不时在书中露面。这些猫或许是我最为熟悉的猫，因为与猫同处一室，学习其语言变得容易得多，就如同移居异国他乡，可以全情投入那里的语言与文化之中。

书中各章节还穿插着许多我曾在动物收容所工作中遇见

的、令我永生难忘的猫——金妮（Ginny）、咪咪（Mimi）、小石头（Pebbles）、米妮（Minnie）以及沙巴（Sheba）。我曾将沙巴带回家中照料，并协助她①抚育幼崽。作为一位博士生，对医院与农场流浪猫的研究经历让我深刻体悟到那些在恶劣环境中出生、缺乏充足食物和专业兽医照护的猫所承受的种种艰辛。随后，在协助重新安置农场流浪猫的过程中，我与救援组织有过短暂合作，我意识到，如果想正确体验猫及其多样生活方式，我需要在救援环境中花更多的时间。我心中暗自立誓，终有一日，我将投身于流浪猫收容事业。30 年后，我终于迈入家附近的一家猫收容所，全情投入那个世界。

从事收容工作，会切身感受到猫所经历的苦难。每当清晨在收容所门前瞥见一个孤零零的大纸箱时，我的心总会不由自主地紧绷起来。打开箱子的那一刻，映入眼帘的或许是一只耳朵残缺、满脸愠怒的年迈公猫；或许，随着春天的脚步悄然降临，是一窝瘦弱不堪、全身布满跳蚤的稚嫩小猫。这些被拯救的生命在我心中烙下了深刻的印记，它们坚韧不拔的精神以及在短短一周内从流落街头的无助身影到依偎在膝头、温顺亲人的宠物猫的惊人转变，让我对这个物种的适应力和生存智慧深感惊叹与敬佩。

此外，书中还将简要提及两位特殊的犬类角色——阿尔菲（Alfie）和雷吉（Reggie），两只狗狗分别在不同的时间段与我的猫布西和小黑共同居住在同一屋檐下。这两只狗的存在

----

① 英文原著中，作者在描述特定猫时，会使用"他"或"她"指代。中文版尊重作者的创作意图，保留这一拟人化的代词用法。——编者注

为我们提供了生动的实例，展现了猫与狗如何通过学习与磨合（字面上的"磨合"）实现和谐共处，以及它们如何与同类及人类建立联系——这是它们都需要掌握的另一种"语言"。

我进行首个猫群体研究的那座高大的医院，在 1996 年，也就是我取得博士学位的几年后，宣告关闭，被改建成了一座华丽的有高挑天花板的公寓楼。所有的猫自此去向不明，但我更愿意相信它们已经找到了新的、有稳定食物来源的栖息之所。农场里的猫群后来也被转移到了一个全新的农场。虽然在新环境中我难以继续对它们进行观察，但那时我的研究项目已基本完成，这些猫能够在充足的食物保障与宁静舒适的环境中度过余生。的确，所有的猫都应当享有如此美好的生活。

01 野猫和女巫

　　猫说："我不是你的朋友，也不是你的奴仆。我是一只独来独往的猫，愿进入你的洞穴。"

　　　　　　　　——鲁德亚德·吉卜林（Rudyard Kipling）

　　　　　　　　《独行猫》（*The Cat That Walked by Himself*）

　　我站在救援中心猫舍围栏外的走廊里，透过铁丝网格的门向里面看去。救援中心经理安（Ann）正在靠近大橘，猫蜷缩在墙角，眼睛瞪得圆溜溜的，毛发直立，发出令人悚然的嘶嘶声与低吼。但安没有退缩，她手中紧握装有疫苗的注射器，以无畏且娴熟的手法迅速将针尖刺向猫。然而这只我们唤作大橘的家伙反应神速，他没有向安扑去，而是从墙角一跃至天花板，继而沿另一侧迅速下滑，转瞬之间遁入一个纸箱之内。我回溯这只猫的行动路径，问安："他真的从天花板上飞过去了？"她微微一笑："流浪猫常常如此。"作为一名初涉研究领域的研究生，我不得不向她坦言，这是我第一次和如此孤僻且

001

半野生状态的流浪猫打交道。当听说我打算攻读博士学位研究家猫行为时，别人总会笑着问："家猫？会不会太乏味了？你不想去国外某个地方研究大型野生猫科动物吗？"此刻我想，大橘对我来说已然足够"野"了。

当大橘及其同伴在救援中心接受悉心照料时，我和团队成员一同探访了它们未来的新居——一座农场。我们搭建了一座简易棚屋作为投食点，棚内架子上铺上软垫作为它们的休息窝，门上特意留有一个可供猫进出的洞口，以便它们随时进来躲避风雨。数月后，我们又在棚屋旁边增设了一些遮蔽物，打造了一个方形木质结构，内部分割为四个独立的隔间，每个隔间均设有一个入口。我们满怀期待地将它命名为"猫之家"。

在将这群猫转移到农场并释放后的次日，我满怀期待地站在棚屋边，手持一罐猫粮，仔细审视四周环境。然而，几乎看不到任何一只猫的身影。偶尔，我的眼角会捕捉到一抹黑白或橘色，但旋即消失无踪。还有一次，我分明察觉到附近灌木丛中黑暗深处，有两只小眼睛在反光。或许此刻，它们还不太敢公然现身吧。

在研究猫的秘密语言时，我发现"驯化"（tame）、"流浪"（feral）、"家养"（domestic）、"社会化"（socialized）和"野猫"（wildcat）等词频繁出现在相关文献中，这些术语往往让人感到困惑。它们各自究竟意味着什么呢？我们能否驯服野猫？什么是真正意义上的"被驯养的动物"？流浪猫究竟还算不算家猫？慢慢地，随着我对大橘、他地盘上的朋友和猫咪们的祖先了解得越来越多，我逐渐找到了这些问题的答案。

事实上，了解猫的历史以及它们如何历经适应性变化，对于理解它们的交流方式至关重要。例如，野猫与家猫的生活环境与习性迥异，因此它们的交流语言必然有所区别。

驯 化

"家猫"是否真正被驯化，这个问题常引发爱猫者与厌猫者的热烈讨论。要解答这个问题，我们需要区分"驯服"（Taming）与"驯化"（Domestication）这两个概念，然后再看现代的猫适合哪一个概念。

驯服是指某一动物个体在其生命周期内逐渐变得对人类顺从而友好，与人类建立亲近关系的过程。这一概念针对动物个体，而非整个物种或群体。数千年来，人类已经成功驯服了许多野生动物个体。

驯化则是一个更为漫长且涉及种群层面的基因演变过程。人类长期致力于驯化动物，使其适应我们的生活方式和需求。尽管我们已有如狗这般成功的驯化范例，但面对其他物种，驯化却是一项难以攻克的挑战。通常情况下，我们能达成的最佳状态是驯服个别动物，而对某些动物而言，即便是驯服也困难重重。

挑战在于，驯化的实现需要目标物种具备一定的内在特质。首要且至关重要的条件是动物的可接近性与对人类引导的接受度，即它们首先应具备被驯服的可能性。若要将驯服进一步发展为驯化，普遍共识是该物种须能生活在群体中，且能接受人类作为群体的领导者。它们的食性也应较宽泛，能接纳人类提供的食物。此外，动物须能在人工环境中顺利繁殖，人类再从中挑选出适合进一步驯化的个体进行培育。总而言之，这对于许多动物物种而言是一项艰巨的任务，家猫尤其如此。

如何判断一个物种是否被驯化？早在 1868 年，查尔斯·达尔文（Charles Darwin）就曾指出，被驯化的哺乳动物不仅对人类愈发亲近友善，还伴随着一些颇为有趣的变化，如大脑尺寸缩小、毛色发生变异等。[2] 90 年后，一项具有里程碑意义的驯化研究在西伯利亚的偏僻之地悄然展开。[3] 俄罗斯科学家德米特里·贝利亚耶夫（Dmitri Belyaev）、柳德米拉·特鲁特（Lyudmila Trut）及其团队，以银狐为研究对象，再现了驯化过程。尽管这些银狐起初性情狂野，但随着时间的推移，它们对人类的反应逐渐发生了微妙的变化。贝利亚耶夫选取了对于人类的接近反应最为轻微的银狐进行繁殖，接着又从这些后代中精心挑选出性情最为温顺的个体继续繁育。令人惊奇的是，短短 10 代之后，他们便成功培育出了一批会摇尾乞怜、亲近人类、发出类似呜咽的声音，并能与人进行有效互动的银狐。随着繁育代数的不断增加，这些狐狸的身体特征也出现了显著变化，如皮毛变得斑驳、耳朵下垂、尾巴变得短而卷曲等。令人惊讶的是，这些特征的显现仅仅是驯化选择的副作用。

驯化综合征（Domestication syndrome）是指在驯化过程中，物种呈现一系列与野生祖先不同的身体与生理特征变化。随着贝利亚耶夫的银狐实验及其他相关研究的持续推进，驯化综合征涵盖的内容不断丰富，包含了牙齿缩小、面部特征趋向幼态化、应激激素水平下降、生殖周期变化等诸多现象。

　　尽管大部分驯化动物在不同程度上体现这些特征，但并非所有驯化物种都会完整地展现出所有变化，其具体表现形式与程度因物种基因差异而异。鉴于这种广泛的变异性，一些科学家对"驯化综合征"这一概念的科学严谨性提出了质疑。甚至贝利亚耶夫的研究也遭到了不少批评，[4] 因为其使用的实验对象——那些银狐，本身就是从加拿大毛皮农场获取的，即这些银狐在实验之前已受到一定程度的人工选择影响。尽管围绕驯化综合征的争议尚未平息，但与野生祖先相比，驯化的确在许多物种身上引发了生理与基因层面的改变。

　　有趣的是，现今在一些尚未被驯化的物种群体中，也开始出现与驯化物种类似的特征变化。随着越来越多的野生动物逐渐适应并能在人类环境中生存繁衍，一部分物种开始显现出与被驯化物种相仿的特征。以英国为例，越来越多的赤狐开始涉足城市区域，它们对人的警戒性明显减弱。相较于生活在远离人群之处、极少与人接触的乡村赤狐，部分城市赤狐个体表现出鼻部缩短、增宽以及大脑体积缩小等身体特征变化，[5] 这些变化与其他物种驯化过程中的转变有着惊人的相似之处。

　　"驯化"猫，即家猫，确实在某些身体特征上与它们的野猫祖先有所不同，但总体而言，这些差别并不明显。家猫的腿部通常稍短，大脑相对较小，肠道长度也有所增加。在皮毛颜色与斑纹方面，家猫呈现比野猫更为多样化的形态，不再局限于野猫典型的条纹斑纹。然而，家猫的耳朵并未出现下垂现象，尾巴也未见短而卷曲的特征。因此，家猫与野猫之间在外观上并无多大区别，这也导致许多人对家猫被归类为驯化物种的说法持有疑问。

那么，在驯化这一议题上，猫究竟有多"达标"呢？整体来看，它们显然乐于享用我们提供的食物（除非那些挑食技艺已炉火纯青的猫）。相比于野猫，家猫的肠道更长，这被认为是其消化系统对人类食物的一种适应。它们也适应了群体生活，尽管这种适应仅在对它们有利且必要的条件下显现。猫确实具备被驯服的能力，但似乎仅限于此。猫将人类视为自身"领导"的观念也颇值得商榷。因此，猫与真正意义上的驯化动物之间仍存在不小的差距。尽管猫能在人工饲养环境下繁衍后代，但人类对猫品种的定向选育历史实际上并不算长，从19世纪末才开始。尽管近年来拥有血统证书的纯种猫作为宠物越来越受青睐，但数据显示，在美国仅有 4%[6]、在英国仅有 8%[7] 的人从专业猫舍购猫。大多数家猫都是混种，其父母也可能是混种，甚至许多家猫的父母品种无从知晓。有些猫有幸成为宠物，无论是在室内还是室外，都生活在被悉心照料的环境中。然而，全球有数百万只猫无家可归，在独立于人类活动范围的环境中过着截然不同的生活。如今许多宠物猫会被主人带去做绝育手术，这是人为干预其繁殖的一种手段，而非自然选择的结果。但大量未绝育的宠物猫在户外自由活动，它们与数百万只无主流浪猫共同构成了庞大的繁殖群体，相互之间寻找伴侣。这些猫无拘无束、肆意繁殖，有时就发生在我们眼皮子底下。因此，有观点认为，人类对猫繁殖的控制力度微乎其微，这说明它们并未被完全驯化。由此，猫与人类之间独特的关系被描述为半驯化（semidomesticated）、部分驯化（partially domesticated）或一种与人类特有的共生关系。

社会化和野化

无论我们如何定义其身份，现代家猫确实具备对人类友好的遗传倾向。然而，这仅是一种倾向，并非绝对。猫并非天生就对人类友好，而是需要在幼年时期，即出生后的 2~7 周内，与人类频繁接触，才能在成年后展现出对人类的温顺和亲近。[8]

以莫莉（Molly）为例。这是一只友善且社会化良好的雌性家猫，然而命运多舛，当她的主人搬家并将其遗弃后，莫莉不得不流落街头，依靠本能寻找食物。如果莫莉未被绝育，她很可能在与流浪公猫的偶遇中怀孕，然后找一处隐蔽安全的地方产下小猫。尽管莫莉对人类依然保持着友好态度，但出于保护幼崽免受潜在危险伤害的本能，她会竭尽全力隐藏小猫，导致这些小猫在出生后的头两个月里可能根本不会接触到人类。长时间缺乏与人的接触，会让小猫在成长过程中对人类的出现感到紧张。尽管小猫依然会经常在人类居住区附近觅食，但会尽量避开人类，避免互动。这些小猫长大后，与其他流浪猫繁衍的后代，对人类的警惕性只会越来越高。

16

这些猫被称为流浪猫。它们在

基因上仍然与家猫相同，并且因为一些集中的食物来源，例如餐馆里的食物或垃圾桶里的残渣，所以也保留了在必要时与其他猫近距离生活的能力。流浪猫群就这样在一个区域中形成并繁衍生息，它们的数量会迅速扩大，形成更大的群体。

不过，这也不是不可逆的。由于错过了与人接触的机会，莫莉的孩子可能会在一代之内性格变得相当凶猛。不过这些猫也可以重新社会化，因为它们基因上仍然保留对人类友好的特性。如果足够早地接触人类，这些潜在流浪动物的子孙后代就可以像曾经的莫莉那样，适当地与人相处，并作为宠物猫与人快乐地生活在一起。

大橘正是在这样一个居住点里开始了新生活。虽然不知道在我们第一次见到他和他的同群伙伴的那个教学楼下生活了多少代流浪猫，但可以肯定地说，大橘对人非常警惕。其他大多数成年猫也是如此。其中四只母猫在救援中心生了小猫，从它们身上橘色和玳瑁色的皮毛来看，我们认为大橘至少是其中一些小猫的父亲。尽管这位父亲具有反社会倾向，但猫崽还很小，在被领养之前，就可以在救援中心接触人类并社交。这些对大橘来说是不可能的，虽然随着时间的推移，他逐渐接受了我每天在农场的户外活动，并礼貌地坐在远处等他的晚餐，但他永远无法忍受与人类如此近距离的生活。

　家猫的起源

这一切是怎么开始的呢？在过去的 20 年里，我们才真正发现了如今家猫的起源。在此之前，从大约 3500 年前的古埃及陵墓和神殿中对猫的很多艺术描绘里，我们可以简单了解到当时人与猫有着特殊的关系。猫坐在人们的椅子下或腿上的图案引出了一种假设，即古埃及人首先驯化了猫。那么，他们到底驯化了哪种"猫"？猫的驯化只发生在古埃及吗？

2007年，科学家们逐渐揭示了这些问题的答案。对整个猫家族——猫科动物（Felidae）的DNA进行的研究表明，猫科共有8个不同的支系。[9]从1000多万年前的包含有狮子和老虎等大型猫科动物的豹属（Panthera）支系最先开始，它们在不同的时间点从它们的共同祖先——外形似猫的"假猫"①（Pseudaelurus）[10]中分化了出去。大约在340万年前，包含了各种小型野猫的猫属（Felis）支系是最后一个从中分化出来的，通过研究中的基因比较，研究人员发现家猫就属于这条支系。

那么，家猫很可能是由一种或多种野猫演化而来的。卡洛斯·德里斯科尔（Carlos Driscoll）及其同事的一项开创性研究确定了这位祖先的身份。[11]在一个比较了979只家猫和野猫遗传物质的大型项目中，德里斯科尔和他的同事发现，如今所有的家猫都是非洲野猫（Felis lybica lybica[12]，有时也被称为近东野猫）的后代。这就提出了一个非常大的问题：在40种野生猫科动物中，只有1种被驯化了吗？为什么？

从会咆哮的大型猫科动物到小型野猫，人类一直都为所有的猫科动物着迷。早在我们拥有家猫之前，人类就在驯服

① 这些支系的总称，而非特指假猫属。——译者注。本书注释如无特殊说明，均为译者注。

世界各地的野生猫科动物。埃里克·福尔（Eric Faure）和安德鲁·基奇那（Andrew Kitchener）在一篇围绕驯化主题的文献综述中估计，近40%的猫科动物在某个时候已经被人类驯服。[13] 从清除如老鼠等有害生物到捕获羚羊等猎物供我们食用，大多数情况下它们能很好地帮助我们进行狩猎。还有些是出于娱乐竞赛目的而被驯服的。例如，在印度，人们把狞猫放在鸽群中，打赌它能放倒多少只鸽子。

在不同的猫科动物谱系中，似乎存在可驯化和不可驯化的物种混合现象。[14] 可驯养的猫科动物在全球范围内都有分布，但尤其集中在那些历史上猫科动物和其他动物具有文化重要性的文明地区。例如，细腰猫仅仅是前哥伦布时代以来亚马孙社会驯服用作捕捉啮齿类动物的众多野生动物"宠物"之一——这些被驯服的细腰猫大多数在它们的母亲被杀死后，由人类视作幼崽抚养长大。

美丽优雅的猎豹是最容易被驯服的野生猫科动物之一。历史学家们推测，在遥远的5000年前，苏美尔人就尝试驯服猎豹，开始与猎豹建立某种形式的关系。在古埃及文化中，猎豹被明确地用于狩猎活动，而且在冥界扮演着引导法老灵魂的重要角色。猎豹与人类的关系持续了几个世纪。它们被誉为11~12世纪罗斯王子以及15世纪亚美尼亚王室的卓越狩猎伴侣。这一使用猎豹进行狩猎的风尚逐渐在整个欧洲贵族阶层中流传开来，他们将这种伴随着骑马狩猎的猎豹称为"狩猎豹"。

19

在印度，莫卧儿帝国的阿克巴大帝（Akbar the Great）在其统治时期（1556~1602）对猎豹有着特别浓厚的兴趣，并且经常亲自参与猎豹的训练。

然而，这些拥有优雅身姿和华美斑点皮毛的猫科动物从未被完全驯化。关于这一现象的原因，我们可以从阿克巴大帝的儿子及继承人贾汗吉尔（Jehān gīr）1613 年写于回忆录中的内容得到一些线索："一个公认的事实是，在不熟悉的环境中，猎豹不会配对繁殖。我尊敬的父亲曾收集了 1000 只猎豹，他非常希望它们能进行繁殖，但无论如何都没能成功。" [15]

贾汗吉尔的观察后来被证明是正确的：猎豹在圈养环境中繁殖极其困难。即使到了 20 世纪 60 年代初，动物园也一直在努力尝试并在取得成功之前经历了种种挑战。由于猎豹羞怯而不愿在人类环境中进行繁殖，因此它们的驯化工作从一开始就进展缓慢。千百年来被各个社会所豢养的猎豹，实际上都是被驯服的单独个体，并非真正意义上的"驯化"。

古埃及人尤其擅长驯服不同种类的猫科动物。除了猎豹和非洲野猫外，还有证据表明他们也成功驯服了狞猫、薮猫以及当地的丛林猫（Felis chaus）。然而，由于在我们现代家猫的基因中并未发现这些物种的痕迹，说明这些驯服关系很可能迅速消失了。目前尚无人能真正解释这一现象的原因——是不是像猎豹一样，这些猫科动物相较于野猫而言更不愿意在人类附近繁殖？抑或它们性格不够亲人？

鉴于非洲野猫在驯化过程中的成功，人们不禁对它的近亲产生了疑问，并且好奇为什么现今家猫的基因中没有它们的痕迹。例如，欧洲野猫（*Felis silvestris*）与它们的非洲表亲在体型和外观上非常相似，无疑也同样擅长捕鼠。那么，为什么我们没有驯化它们呢？在人们尝试驯化欧洲野猫的记录中，答案是显而易见的。欧洲野猫的最北分布种群在苏格兰。英国野生动物摄影师弗朗西丝·皮特（Frances Pitt）在 1936 年的一篇文章中记载了她试图驯服苏格兰野猫①幼崽的经历："然后撒旦出现了。他就像一团小小的带有黄灰色斑纹的毛球，是我能想象到的最小的猫。当我第一眼看到他时就给他取了这个名字，后来也从未改过名。"[16] 名字说明了一切——撒旦是无法被驯服的。

与难以驯服的苏格兰野猫撒旦及其欧洲亲戚不同，其他一些猫科动物被认为是极易驯服的，但历史上关于其被驯服的记录却相当稀少。尽管这些物种都是理想的驯服候选者，但由于它们生活在与古代文明发展并不重合的地区，因此未能得到广泛的关注和利用。猞猁就是一个典型的例子——这些猫科动物主要分布在远离古代文明中心的地方，除了作为毛皮和食物猎取对象外，在当时并未被人们发现有其他实用价值。

因此，尽管有众多其他猫科动物与之竞争人类的喜爱，但非洲野猫却因其独特的优势得以走遍世界，跨过我们的门槛，进入我们的家庭。它们卓越的捕猎能力、小巧的体形以及易于运输（陆运或海运）的特点，再加上其可驯化的特性，使

---

① 欧洲野猫最濒危的一个亚种。

它们成为理想的伴侣动物。同样重要的是，它们分布在正在发展壮大的人类社区周围，在这里它们发挥着重要的作用。可以说，非洲野猫在恰当的时间出现在了恰当的地点，并具备了合适的"资质"。

这究竟是如何发生以及在哪里发生的？

德里斯科尔及其同事发现非洲野猫是家猫的唯一祖先，这一发现为其他科学家深入研究这一关系提供了新的切入点。后续的研究通过探索基因和考古学证据，揭示了我们现代家猫基因库实际上是由两个地理分布不同的野猫种群传承下来的遗传物质组成。[17] 其中一个种群正如最初所猜测的那样，位于埃及周边地区；另一个则来自更北的近东地区，一个被称为"新月沃地"或"文明摇篮"的区域。

这两个遗传信息存在于家猫基因库中似乎发生在不同时期——来自新月沃地的遗传信息比埃及的要早得多（可能大约早了 3000 年）。尽管如此，一旦埃及家猫开始扩散，它就成了两者中更占优势的那一方。

因此，故事远比"古埃及人驯化了猫"这一简单叙述复杂得多。将所有线索拼凑起来，我们可以大致了解猫的驯化是如何发生的。

大约 10000 年前，来自新月沃地平原的新石器时代人类狩猎采集者开始尝试从谷物中种植作物。随着他们学会了如何成功地收割和储存谷物，以及对远距离狩猎和采集的需求逐渐减少，早期定居点开始形成。农民们不再局限于思考如何种植农作物，他们开始利用当地易于捕捉并繁殖的野生动物资源获取食物、奶、皮子和毛皮等。现今山羊、牛和绵羊等动物的祖先就是通过这种方式逐步被驯化的。这些"农家"动物都具有共同的"驯化"特质：它们原本就群居生活，因此能够接受群养并具有社交性；它们能迅速适应可获得的食物类型；它们会本能地跟随领导者，这一角色后来由控制其繁殖的人类农民接手。[18]

在这些早期农耕村落的边缘地带，一些小型、机敏的观察者——非洲野猫悄然而至。它们本性孤僻，习惯于在自己固定的领地内独自狩猎，并尽可能避免与其他同类接触。除了偶尔为了繁殖目的进行接触之外，它们通常通过在活动路径上留下气味标记来进行远距离交流。然而，由于饥饿和好奇，它们被这些新兴人类聚居地的食物吸引前来，想从村民丢弃的骨头堆中捡拾残余肉屑，或者捕食农民扩大粮仓后日益增多的鼠类。这些丰富的本地食物资源足以让多只野猫共享，因此可能有成群结队的野猫开始聚集在村落附近，寻找食物。当它们潜伏在村庄周围时，不可避免地会比在人类居住区外的正常活动范围内更多地遇到彼此。尽管气味是远距离沟通的好方法，但在近距离情况下，为了避免冲突，需要更即时且明显的信号进行交流，因此它们必须找到新的沟通方式。

从农民的角度来看，这些野猫与适合驯化的家畜截然不同。它们没有群居习性，只吃特定的肉类食物，并且绝对不服从命令。尽管将这些野猫驯化为家畜的可能性微乎其微，但早期农民可能容忍了它们的存在，因为他们逐渐意识到这些野猫

能够捕捉老鼠，提供了一种免费
的鼠害防治服务。这一服务至今
仍由它们的后代家猫延续着。

　　因此，人类与野猫之间形成
了一种试探性的互利共生关系。
在所有物种的种群中，不可避免
地会有一些野猫比其他同类更勇
敢，愿意为了这些新发现的食物
来源而忍受与其他野猫和人类更接近。这些较为温顺的野猫可
能自然而然地相互繁殖，通过竞争战胜更野性的个体获得最佳
食物资源，从而使得它们后代中易于驯化的特性得以延续。这
种对人类友好的自然选择可能是家化过程的最初开端。

　　这样的野猫与人类关系可能最初在新月沃地的多个定
居点中萌发。考古学和遗传学研究的证据表明，随着这些
新石器时代的人类群体迁移到新的地区，野猫也随之穿越
大陆，在大约 6000~4000 年前进入欧洲大陆的一些新定居
点。[19] 然而，关于人们何时开始邀请较为温顺的野猫进入家
园的具体时间点仍然模糊不清，甚至可能在这个阶段并未
发生。

　　在古埃及，也发生了类似的过程。当地的小型野猫被驯
化，可能用作害虫控制者，防止老鼠、蝎子和蛇等动物靠近人
类居住区。然而，与新月沃地相比，在古埃及，事情发展的路
径略有不同。除了充当害虫控制者外，埃及的猫还与多种古
埃及神祇产生了联系，特别是与猫女神巴斯特（Bastet）紧密
相关。

巴斯特

猫的重要性和人们对它们的崇敬程度逐渐增强，最终导致法律禁止人对猫造成伤害（杀死一只猫会被处以死刑）。猫因其陪伴价值而愈发受到珍视，并被当作宠物饲养。当家养宠物猫自然死亡时，人们会举行准备精心的葬礼，整个家庭成员甚至会剃掉眉毛作为对逝去猫的尊重标志。[20] 大约3500年前精美的室内画作中描绘的猫形象表明，当时的野猫已经非常深地融入一些家庭的生活。

然而，在神殿中，猫的生活却并非总是那么美好。对神祇的崇拜似乎要求人们大量、频繁地提供供品以使众神满足。在对巴斯特的崇拜中，供品的形式表现为木乃伊化的猫。尽管猫在社会中普遍受到保护和崇敬，但有一种奇特的现象也同时存在着：神殿里的猫被大规模繁殖，被饲养在大型猫舍里，目的是将幼猫制成木乃伊献祭给猫女神。不过，显然其中一些幼猫会被保留下来以便继续繁殖。埃里克·福尔和安德鲁·基奇那在深入探究猫与人类关联的历史时指出，这种在封闭环境中快速连续繁殖多代驯化野猫的做法，类似于贝利亚耶夫的银狐实验。他们描述这是一个"历史的偶然事件"[21]，即神殿中的埃及人可能无意中迅速培育出了驯化程度更高的野猫。至于这些神殿中的猫是否曾存活下来并融入家庭猫群中，目前尚无确切答案，但可以推测，神殿的守护者们或许会有自己宠爱的猫，并将它们当作宠物来养。

神殿内狭窄拥挤的猫舍环境必然促使猫之间产生了更为强烈的交流需求，这种需求甚至超过了新月沃地村庄中野猫之间的交流需要。这些生活在神殿中的猫群可能是猫与猫之间新型交流信号发展的起点，它们可能发展出了如不同的尾巴姿势这样易于观察的视觉信号，以及更多的触觉信号，如互相蹭擦和舔舐毛发等。后续章节将进一步探讨这些信号是如何发展起来的、猫如何利用这些信号沟通，以及它们又是如何适应并运用这些信号与人类进行交流的。

在全球各地的扩散方式各异

在近东地区的野猫跟随人类的脚步进行陆地迁移的同时，源自埃及的猫找到了一种更快捷的方式在旧世界中广泛扩大分布——搭乘船只。尽管当时有法律禁止出口猫，但许多猫还是偷偷藏匿在前往地中海沿岸进行贸易的船只上逃离了埃及的限制。猫是完美的搭乘旅伴，它们通过捕食新出现且顽固的害兽家鼠，证明了自己的价值。人们除了偶尔给猫投喂一些鱼之外，并不需要提供太多其他的食物，猫甚至不需要额外饮水，因为它们能从捕获的老鼠身上获取足够的水分。因此，体形小巧、不惹人注意的猫很快便成了水手们的朋友。脱离了在古埃及受保护的氛围，船上的猫仍然受到普遍的高度尊重。无论它们抵达何处，似乎总有些重要的商品需要注意避免受鼠类侵害，比如中国的蚕丝、日本的字画、希腊和意大利的粮食仓等。

猫仿佛在每个国家都找到了自己合适的位置并填补了空

缺。看似简单，但实际上并非一帆风顺，抵达新的海岸后，它们面临着激烈的竞争。这些从埃及跨海而来的家化野猫登陆后发现，当地已有其他物种在担任捕鼠的角色。例如在中国，科学家在新石器时代的证据中发现了与人类共生的豹猫（Prionailurus bengalensis）。[22] 然而，现代中国的家猫基因组中并未发现豹猫的痕迹，这表明非洲野猫可能逐渐取代了豹猫在中国人生活中的地位。[23] 赢得希腊人和罗马人的心更难，因为他们已经拥有了优秀的捕鼠能手——鼬科动物，如臭鼬和黄鼠狼等。虽然这些鼬科动物有着卓越的捕鼠能力，但最终还是被猫所取代，奇怪的是，据说猫并不那么擅长这方面，所以最终形成这个结果的原因尚不清楚，可能是鼬科动物比猫更为孤僻且对人类不那么亲近。

由此，猫的分布逐渐扩大。它们与新的神祇建立起联系，在希腊是阿尔忒弥斯（Artemis），在意大利地区是狄安娜（Diana），在北欧则是女神弗蕾亚（Freya）。从公元前500年到公元1200年，猫开始出现在欧洲各地。它们跟随罗马人征服帝国，随后又随着维京人在海上航行，并在新领地上肆意横行。基因突变导致猫的皮毛中出现了新的颜色和斑纹，如橙色、黑色、白色，后来还出现了一种不同于其条纹斑纹祖先的新式花斑状斑纹猫。

到了1世纪左右，家猫是否已经成为真正的宠物很难准确判断。在新环境中的确难以重现它们在古埃及受到的崇敬。在欧洲，人类对猫的态度更可能保持着实用主义，即猫是作为捕鼠者而存在。在这方面，猫因其捕鼠能力而具有一定的价值，尽管这种价值更多体现在经济层面而非情感上。例如，南威尔士国王"好人希维尔"（Hywel the Good）在 936 年通过了一项法律，详细规定了猫的价格体系，从某种程度上保护了威尔士猫的价值。法律规定未睁眼的新生小猫每只价值为一分钱，长到能够捕鼠时价值两分钱，当它们成功捕杀老鼠后，其价值将升至四分钱。这个成年猫的价格在当时相当于一只绵羊或山羊的价格，极大地提升了猫的地位。

然而，对于那个时代的猫来说，并非永远只做猫捉老鼠的轻松游戏就可以了。人们日益增长的皮草穿着需求导致许多猫在捕猎老鼠之外还被剥取毛皮。证据显示，人们更倾向于选择年轻的猫剥皮，可能是因为它们的毛皮更为柔软，且相对较少受到损伤或疾病侵害。与此同时，欧洲正发生变化。随着基督教的传播，人们对"异教"越来越排斥。与狄安娜等女神有所关联的猫，突然间不再具有优势。流言蜚语被四处散播，尤其是黑猫，开始与邪恶的灵魂甚至恶魔联系在一起。妇女被指控为女巫，猫则被认为是她们邪恶的伙伴，或称作"魔宠"。在这股日益高涨的歇斯底里氛围中，1233 年，教皇格列高利九世（Pope Gregory IX）颁布了他的《罗马之声》（Vox in Rama），批准了消灭所有猫的命令。从 13 世纪到 17 世纪，欧洲各地的猫惨遭无情屠杀。被指控为女巫的妇女遭受残酷迫害与虐待，并和她们的猫一起被绑在火刑柱上烧死；这些同样遭受折磨的猫的命运还包括被串烤、被从高塔抛下以及活生生地被困在柳条筐里烧死。

在西班牙，猫甚至被用作食材，这一点可以从最早的西班牙烹饪书籍之一——由厨师鲁佩托·德·诺拉（Ruperto de

Nola）于 1529 年编写的《炖菜书》(*Libro de Guisados*) 中得到印证。在这本详尽的食谱中，夹杂在"羊蹄汤"、"天使之肴"和"腌肉片裹孔雀或阉鸡"等令人好奇的菜名之间的是第 123 号食谱"Gato Asado como Se Quiere Comer"，意为"按你喜欢的方式烤制猫肉"。

在这一时期，即 15 世纪末和 16 世纪初，一些幸运的西班牙猫逃脱了厄运，搭上了哥伦布的船队，踏上了前往新世界的航程。随后，在 17 世纪 20 年代至 40 年代，更多载有猫的船只跟随清教徒从英国起航，最终抵达了新大陆的海岸线。然而，成为新大陆的居民之后，猫的命运并未完全脱离猎巫的政治迫害。尽管如此，猫进一步扩散至全球各地，它们跟随欧洲人在 19 世纪到达了澳大利亚东部。

视角拉回英格兰。对于那些已经遭受火刑、被从高塔抛下以及被困在柳条筐里活活烧死的猫（还有狗）来说，它们还被指责是 1665 年伦敦瘟疫的罪魁祸首。成千上万只猫狗因此被屠杀。直到后来人们才意识到，携带跳蚤的老鼠才是主要的传播者。当时若能有更多的猫存在，或许反而会是一件好事。

猫坚韧不拔地生存了下来。文艺复兴时期并非猫真正的重生时期，但在持续不断的巫术审判中，偶尔也出现了变革的迹象。残忍与善意并存，这一时期对猫的复杂情感在英国 16 世纪末的一首儿歌中得到了极好的体现：

叮咚铃铛响，猫掉进井，
是谁丢弃了它？是小强尼·弗林。
又是谁救出它？小汤米·斯托特。
真是个淘气的男孩，试图淹死可怜的小猫，
它从没做过坏事，
只是杀死了农夫谷仓里的所有老鼠！

人们在 19 世纪末和 20 世纪对猫的态度逐渐有所改善。艺术家开始将猫纳入画作之中，而诸如克里斯托弗·斯马特（Christopher Smart）和塞缪尔·约翰逊（Samuel Johnson）等热爱猫的作家也在他们的书籍和诗歌中赞美猫的优点。猫再次变得受欢迎起来，人们对猫重新燃起的兴趣促使猫种选育兴起——即有目的地选择猫去配对繁殖，以繁殖出具有特定外观特征的小猫。尽管它们备受欢迎，如前所述，这些拥有血统证书的纯种猫仍然是少数群体，数量远远不及我们世界各地家庭、街头、城镇、农场和乡村中更为常见的非纯种家猫，或者叫土猫（moggie）。

有时喜欢社交的猫

所以历经了种种爱、恨与折磨之后，我们是否可以说人类已经完全驯化了猫呢？我们现在大致了解了猫与人类之间产生联系的时间和地点，但对于野猫是否真正成为家猫，以及这一过程是如何发生的，依然存在很多争议。在新月沃地和古埃及早期，野猫与人类之间建立的关系无疑随着时间推移而更为紧密。但是与我们对其他物种的刻意驯化不同,人类与野猫之间的关系更加随意——我们并不需要像控制其他动物那样去利用它们捕捉猎物的能力。可能的情况是,野猫通过自身的适应行为逐渐走向了某种程度的驯化。较为温顺的个体敢于冒险进入人类村落,并在同类中进行繁殖,这样它们的后代就能享受人类居住地提供的食物和庇护所。

30 　　因此,最友善的野猫逐渐且自然而然地开始驯化,这一过程几乎不需要人类的干预。这种现象被称为"自我驯化",它遵循了我们另一位好朋友——狗的驯化模式。[24]令人着迷的是,这个模式同样适用于我们人类自身。[25]杜克大学的布莱恩·哈雷(Brian Hare)教授提出,就像更友善的野猫和狼在竞争中胜过不那么友善的同类一样,智人(*Homo sapiens*)通过变得更易于接触,在与其他古人类的竞争中脱颖而出,实现了一种真正的"友好生存"。

　　合作是生存与发展的关键。对于人类而言,学会与其他人类良好协作几乎是自然而然的事。"原始犬"(即后来被驯化的狼)在驯化前就已经习惯了与同类进行社交互动,又创造性地学会了如何将这些技能应用到与人类共同生活和工作中。但是,独居的野猫不仅要学会与新物种——人类交流,还需要学会与其他猫沟通,这是一个双重挑战。因此,在我们学习相互交谈、开始教导我们的狗新技能的同时,野猫的生活方式也经历了从独居者到社交者的巨大转变。它们学会了使用其他猫近距离可见或能感受到的信号进行交流,就像狗通过吠叫来引起我们的注意一样,猫发现可以利用人类对声音对话的喜爱,将自己的发声能力发展为能够吸引人类注意力的声音。正如德里斯科尔博士及其合著者所观察到的那样，"猫是唯一在家养环境下变得具有社会性而在野外却是独行者的驯化动物"。[26]

家猫一如既往地拥有智慧，它们保持了灵活多变的生活方式，并没有完全转变为群居动物，而是根据环境变化保留了对独居或社交生活的适应能力。因此，家猫可以说是具备"有条件社会性"（facultatively social）[27]或者说是"社会通才"。我们喂养的家猫可能单只、一对或小群体生活在我们的家中。这些家猫最需要发展与人类沟通的技能，并且如果允许它们外出，它们还可能需要与其他家庭中的猫或者邻居家的猫打交道。不幸的是，由于各种原因，许多猫失去了安全和舒适的家，成了流浪猫。它们可能会适应有或没有同伴陪伴的街头生活，幸运的话，也能找到新的领养家庭。还有一些猫，就像大橘和他的朋友们一样，在几代的时间里与人类分离生活，无法服从于人，但在食物供应充足的情况下，它们可能会形成较大的自由生活群体，或称作猫群。对这些猫群的研究表明，存在一种以有亲缘关系的母猫们繁殖并共同照顾幼崽为核心的社会系统，[28]公猫则更多地独立生活在群体边缘。在这种情况下，猫与猫之间的社交技能至关重要。即使是我所见的已经绝育的猫群，没有亲属关系维系，猫之间的互动也并非混乱又随意，很多猫其实都有自己固定的伙伴。[29]

这种从独居生活灵活切换到社交生活的能力，是家猫成功的关键因素之一。在这背后，隐藏着它们令人艳羡的开发新型交流方式的天赋。接下来的章节将深入探讨相关科学发现，揭示猫是如何学会超越原本依赖嗅觉的世界，通过视觉、触觉和声音信号向同类以及人类传递信息的。通过这些方式，猫不仅能够适应不同环境下的生存需求，也能进一步加强与人类及其他猫之间的联系和互动。

　　猫是已经完成了驯化之旅，还是仍在这一进程中？这是一个几乎无法给出确定答案的谜题。猫与狗和其他家畜一样，表现出许多共同的驯化特征，比如对人类更高的容忍度和社会性，但相比之下，狗显然在驯化之路上走得更远。例如，狗的那种急于取悦主人的特性，在猫身上是很少见到的。也许有一天，猫也会像狗那样对我们言听计从，但目前看来，我们最好还是收起这个期待。

　　当我有一天再次来到农场时，我意识到猫群已经形成了一种新的常态。它们在我出现时不再四散奔逃，已经习惯了我在场。无论是在林间穿梭还是在农场周围活动，它们都继续着彼此之间的互动或避让。只要我保持一定距离，甚至连大橘对我在场的容忍度也有所提高。我像往常一样选择了一个位于小山丘上、与猫群保持适当距离的地方坐下，准备好录音机、望远镜（以免错过任何细节）和笔记本。那天离开农场之前，我走下山坡，轻轻地揭开了看似空无一猫的大猫舍盖子。当我瞥见内部旧毛毯上残留的橘色猫毛时，不禁会心一笑。尽管大橘是只野性十足且不善社交的猫，但它显然并不排斥享受像家一般的舒适的环境。

02　留下气味

> 一个人为了保持自身独特的个性，需要付出极大的努力。公猫在这方面却显得轻松得多，它只需要喷洒尿液，就能在数年的雨天里持续保持存在感。
>
> ——阿尔伯特·爱因斯坦

那一天，我救助寄养在家的猫沙巴在舔舐清洗完早上出生的第 6 只也是最后一只小猫后，疲惫地躺了下来。当我焦虑地注视着她那 6 只还没睁眼的小不点开始在她的皮毛中摸索、急切寻找食物时，不禁想这些小猫怎么找到吃奶的地方呢？不过我的担心是多余的，不出 5 分钟，所有的小家伙都已整齐排列在"乳汁吧台"前，心满意足地吸吮着母乳并打着盹儿。对我来说，新生命的诞生奇迹几乎被早上的第二个奇迹所超越——这些小猫究竟是如何独立完成这一切的呢？

新生小猫出生时眼睛尚未睁开，听力尚处于初步发育阶段，但它们的触觉和嗅觉已经相当敏锐并开始运作。正是依靠这两种感官，小猫们开始在母猫柔软的腹部摸索前行，并找到第一个乳头进行吮吸。仅仅几个小时后，它们就变得更加挑剔，显示出对母猫身体后部乳头的偏好。尽管研究已证实，后侧乳头提供的营养与前侧乳头并无差异，[30] 但为何小猫更喜欢后侧乳头仍然是一个谜团。很快，小猫之间会形成争夺后侧乳头的竞争，这过程中伴随着大量的推挤动作。几天之内，它们就会形成某种乳头使用顺序，或称"乳头所属权"，每只小猫通常固定使用一个或两个乳头吃奶。在这个阶段虽然小猫还看不见东西，但它们能通过气味引导找到自己专属的乳头，无论母猫如何变换姿势，无论是否有其他兄弟姐妹需要攀爬过去，它们都能准确地回到自己的专属乳头处。这种哺乳模式与狗截然不同。小狗在哺乳期间并没有固定使用某个乳头的倾向，它们往往会在一次哺乳过程中在不同的乳头间来回切换。[31]

只要母猫有奶，即使对方不是自己的亲生母亲，小猫也会去吃奶，这一现象在农场猫群群养的情境中被充分展现，多只母猫会共同抚养它们的幼崽。然而，当研究人员将已经对母猫身上某个特定乳头产生偏好的小猫放到另一只正在哺乳的母猫那里时，这些小猫并不会本能地找到并使用相同位置的乳头。[32] 它们似乎能识别出引导自己找到正确乳头的特定气味信号，而非记住乳头的位置。母猫身上的一种信息素可能会帮助小猫定位到最初的乳头，随后经过一个逐渐熟悉的过程，小猫会记住其最喜爱的乳头的独特气味。任何一窝小猫的窝中都存在多种气味来源，除了母猫的乳汁外，还包括母猫和小猫的唾液以及皮肤腺体

分泌物等。[33] 随着小猫在母猫毛皮间摸索，并反复咬住和离开自己选定的乳头，它们可能会创造出一条对自己而言非常独特的、混合了乳汁与唾液气息的路径，这条路径每次都能指引它们回到同一个乳头。

在与母猫及同胞兄弟姐妹共度的早期同窝生活中，小猫会学习记住母亲的气味。这种记忆似乎能延续到成年时期。一篇标题以"你是我的妈妈吗"开头吸引人眼球的研究论文描述了一项关于小猫气味记忆的有趣研究结果。研究人员让一群刚断奶并与母亲分开的 8 周龄小猫闻 3 种棉签，其中一种带有它们母亲的气味，一种带有陌生母猫的气味，还有一种没有气味。出乎意料的是，这些年轻的小猫并没有更多地去嗅它们母亲的气味，反而对陌生母猫的气味表现出更浓厚的兴趣。这可能是由于新鲜感效应的作用，对于之前仅接触过同窝伙伴和母亲气味的小猫来说，未知的猫气味更具吸引力。研究人员并未止步于此。他们追踪了这些小猫被领养后的情况，并在 4 个月、6 个月以及 12 个月大时进行回访。如同先前一样，他们给每只小猫嗅闻 3 种不同的气味：一种来自其母亲，一种来自陌生母猫，还有一种作为空白对照。4 个月大的小猫对各种气味的反应各不相同，未显示出明显的偏好。然而到了 6 个月大和 12 个月大时，小猫明显花了更多时间嗅闻自己母亲的气味，

与对其他两种气味的反应有显著差异。尽管如此，论文作者指出，这些长大些的小猫可能只是因为识别出了熟悉的气味而长时间嗅闻，并非明确知道这是它们的母亲的气味。这种情况可能类似我们闻到某种气味时，会停下来思考它带给我们的回忆。虽然很难证实小猫是否真的认出了那是它们母亲的气味，但这项研究表明，母猫拥有自己独特的气味，即使随着时间推移，其繁殖状态发生变化，这种气味也足够稳定，使得小猫在最后一次见到母亲，或闻到母亲的气味 10 个月后仍然能够记住这种气味。[34]

母猫同样能通过幼崽的气味辨别哪些小猫是自己的孩子，[35] 当不同窝的小猫混在一起时，它们会利用这种气味差异来区分自家孩子和别家孩子。然而，在面对一群从窝中走失的小猫时，即使亲生的和非亲生的混在一起，母猫在找回它们的过程中似乎也不会表现出对自己亲生子女的偏爱。原因尚不确定，但已知的是，从窝中走失的小猫所发出的求救叫声极具感染力，因此无论是否为自己的孩子，母猫可能都难以抗拒去寻找和救援的本能。在野外环境中，一只在开阔地带发出求救声的小猫很可能会引来捕食者，这对周围任何其他小猫来说都是不利的。所以快速解救哀鸣的小猫是一种有效的策略，可以防止它们吸引来不必要的注意。

伊莉莎·亚辛图（Elisa Jacinto）和同事们进行的一项研究发现，同一窝小猫会发展出各自的气味"签名"。他们利用习惯化、去习惯化测试来探究成年猫对不同小猫气味的敏感度。实验过程如下：首先将一只成年猫放置在一只小猫的气味（通过在小猫身体上用棉签擦拭收集而来）环境中，并记录成年猫闻嗅该气味的时间。这一操作会重复两次，且每次都使用同一只小猫的气味。这个阶段被称为习惯化阶段，在连续呈现相同气味时，猫的嗅探时间通常会逐渐减少。完成上述步骤后，研究人员会给成年猫提供带有另一只小猫气味的棉签（作为去习惯化气味）。如果猫能够察觉第一只和第二只小猫之间的气味差异，那么相较于最后一次接触的习惯化气味，猫对这种新气味的嗅探动作频率应该会增加。[36]

气味在猫的一生中，特别是成年后，始终扮演着极其重要的角色。它们在遇到任何事物时，无论是食物、其他猫、人或任意物品，首先都会通过嗅闻来探查。当两只猫友好相遇时，它们会选择面对面"碰鼻"（这是我最喜欢的一种猫行为），或者互相嗅闻对方的身体或臀部，从而获取对方的嗅觉信息。在一项针对自由放养猫的研究中，观察到了 22 种不同的社交行为，其中嗅闻占据记录行为总数的 30%。[37] 与人类更依赖听觉和视觉交流不同，猫和其他许多食肉动物一样，在很大程度上依靠气味信号进行沟通，利用这些信号来标记领地，并向潜在配偶展示自己的性成熟状态。气味标记可以提供关于气味来源者相对持久的信息，无须面对面接触，这源于它们的独居祖先——野猫的行为方式。除了用身体特定腺体的分泌物留下气味标记外，一些猫还会选择使用尿液和粪便作为信号供其他猫解读，它们通常会选择能使信号持久性和被发现可能性最大化的位置进行排泄。

气味香甜，滋味如何？多重嗅觉的美妙体验

家猫拥有令人称奇的嗅觉能力，部分原因在于其鼻腔内用于接收气味颗粒的表面面积相当大。这种嗅觉表面（嗅黏膜），在人类身上大约只有 2~4 平方厘米左右，在猫身上却达到了惊人的 20 平方厘米，并且覆盖在了它们鼻腔内部复杂曲折的骨性迷宫结构上——这为气味提供了更大的感知空间。来自嗅黏膜内的气味感受器的信息会被传输到大脑前部一个被称为嗅球（olfactory bulb）或嗅叶（olfactory lobe）的区域进行处理和解析。

除了通过鼻腔展现卓越嗅觉能力之外，猫还拥有一种秘密武器——一种自 6 周大左右开始使用的第二种嗅觉探测方式。在它们的口腔顶部，位于上切齿后方的一个微小裂隙里有着两条被称为"鼻腭管"（nasopalatine canal）的狭窄管道开口。这两条管道通向一对充满液体的盲囊，共同构成了犁鼻器（vomeronasal organ），或称雅各布森器官（Jacobson's organ）。犁鼻器内富含化学感受器，并与大脑中一个独立于嗅球、被称为附嗅球（accessory olfactory bulb）的特殊区域相连。这一整套独立的嗅觉系统被统称为犁鼻器系统（vomeronasal apparatus）。

犁鼻器的开口位于口腔顶部，为了使气味进入犁鼻器，猫会抬起上唇并微启嘴巴。这种行为表现为一种特征性的扭曲或张嘴表情，通常用德语单词"flehmen"（弗莱曼反应）描

述，意为"露出上牙"。猫在闻嗅物体时，常常先通过鼻子闻，接着出现弗莱曼反应。在这个过程中，它们会展现出一种恍惚、迷离的表情。与直接通过鼻子闻到的气味分子只需落在嗅觉表面并触发感受器不同，通往犁鼻器的途径更为复杂。气味分子需要溶于液体中才能顺利通过从口腔通向犁鼻器的狭窄鼻腭管。猫似乎会用嘴巴实际接触气味来源，在使用唾液将气味转移到鼻腭管并最终到达犁鼻器的过程中，它仿佛是在"品尝"这种气味。

确实，尽管犁鼻器结构微小，但自其被发现以来就引发了大量讨论和争议。这一器官并非猫类所独有，在狗、马、蛇、鼠以及众多其他动物体内均有发现。该器官又以路德维希·莱文·雅各布森（Ludvig Levin Jacobson）的名字命名，他在 1813 年的《家养动物鼻内新器官的解剖学描述》（*Anatomical Description of a New Organ in the Nose of Domesticated Animals*）一文中详细描述了非人类哺乳动物中该官的结构，并以马为例绘图进行了说明。鉴于犁鼻器在如此多物种中普遍存在，人们自然会提出疑问：人类是否也拥有犁鼻器。对此人们观点各异，但最有可能的情况是，人类胚胎发育初期会出现类似犁鼻器的结构，但在成人阶段则退化为器官遗迹。这种结构与大脑缺乏神经联系，且不存在附嗅球。因此，很遗憾我们人类无法像猫那样"品尝"气味。

猫通常通过常规的嗅闻方式来探索大部分气味，即利用它们的鼻子。然而，对于某些特定的气味，尤其是其他猫或其他动物留下的标记性气味，它们会额外使用犁鼻器进行感知。这类气味的来源包括尿液、粪便以及被其他动物蹭擦或抓挠过的表面。对这些气味在后续章节中会有更详细的描述，它们为猫科动物提供了大量的重要社交信息。传统上，这类气味物质简单地被称为信息素，而现在也常被描述为化学信号、社会化学物质或信号化学物质。拥有两种不同的嗅觉机制对那些祖先野猫来说无疑是巨大的优势，因为它们不仅依赖嗅觉定位猎物，还依靠嗅觉追踪同类并避免不必要的冲突和交锋。

最具嗅觉冲击力的气味

我坐在沙发边，笔记本搁在腿上，听着琼斯太太讲述："你知道，他这样做就是故意气我们的。"她抱怨，"昨天我甚至看到他刚进门就朝着我那双新靴子做那件事！"我瞥了一眼正坐在沙发背后、专注地盯着窗外的那只猫。塞西尔犯下的罪行正是我在作为猫行为顾问时经常讨论的问题——尿液标记（喷尿）。我询问琼斯太太为什么认为塞西尔是在报复他们。"嗯，因为我们离开了一周，他这是在惩罚我们。"深入了解后我发现，在琼斯夫妇外出期间，塞西尔是由一位好心邻居照顾的，邻居每天会过来喂食一次。琼斯太太接着说："她说每次来的时候，食物盆总是被扔得到处都是，整个地方都乱糟糟的。所以那时候塞西尔就已经对我们很生气了。"这时我想到，除了这位邻居外，可能还有他者趁琼斯夫妇不在家时"顺便"来访过。"您是否曾在家附近见过其他猫？"我问。"嗯，确实有只大头黑白混色的流浪公猫总在门口附近的猫洞周围晃悠。"琼斯太太回答。这就找到了问题的答案。在没有人类保护的情况下，一只当地的未绝育雄性野猫入侵了塞西尔虽小却宝贵的领地。可怜的塞西尔，由于受到这种侵扰，感到有必要在屋内各处标记自己的气味，试图以此威慑那只游荡的流浪公猫。

喷洒尿液是猫传播社交气味信息最有效的方法之一，这种行为也因此获得了"尿液邮件"这一有趣的昵称。在户外环境中，尽管会产生一些气味，但这种气味会随风飘散，成为猫交流的一种方式。然而，当这种情况发生在家中时，尿液喷洒行为往往会迅速引发猫与主人之间的重大冲突。喷洒行为的特征非常明显：猫会站立并倒退到一个垂直表面附近，然后抬起尾巴，保持尾部竖直且微微颤抖，同时将尿液以水平方向喷射到目标物体上。这种喷射方式使得尿液能够最大限度地散布在表面上，尤其是其他猫最容易闻到的高度位置，随后随着液体的滑落和滴下进一步扩散味道。喷洒行为与猫单纯为了排泄而采取的蹲坐姿势排尿有很大区别。蹲坐排的尿通常会被猫用爪子刨土或猫砂覆盖，喷洒则是一种有意为之的标记行为，目的是留下一种气味信号供其他动物嗅闻。喷洒行为最常见于未绝育的公猫，这些公猫更关注展示自己的存在。不过，不论是公猫还是母猫，它们都有可能在某些情况下出现喷洒行为。

家养猫如果有户外活动的机会，通常会在其他猫容易察觉的垂直表面上喷洒尿液，例如篱笆柱、树木以及建筑物边缘。对于群居生活的猫来说，尽管近距离视觉交流也是可用的方式，但喷洒尿液仍然是它们重要的交

42

流手段。在未绝育猫群比如农场的猫群中，当母猫处于发情期（性成熟且愿意接受交配）时，无论公猫还是母猫都会增加喷洒尿液的行为。然而，喷洒尿液并不只局限于性行为和求偶场景，未绝育的公猫在日常活动中，如巡逻它们惯常活动的领地和捕猎时，也常常会喷洒。

对于猫主人来说，很不幸的是一些家养猫（尤其是公猫）会出于某些原因，在家中喷洒尿液来标记领地，就像户外的猫一样。这种情况往往发生在竞争激烈或压力较大的环境里，例如多只猫共同生活但并不十分融洽时，或者有其他外来猫意外进入家中（正如塞西尔的情况那样）时。家庭装修、重新装饰和新家具等变化因素都可能引发家养猫的焦虑性喷洒行为。猫确实不喜欢改变，尤其是在气味方面，喷洒尿液通常是它们感到不安的一个明显信号。无论是户外的猫还是家养猫，都会选择显眼的垂直表面进行喷洒，并且会反复喷洒。橱柜门、门框、盆栽植物以及窗帘等软装饰都是理

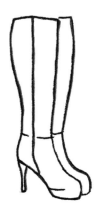

想的喷洒目标。此外，喷洒者还常常瞄准那些在运行时会发热的电器设备，如电脑、洗碗机等，尤其是烤面包机。热力有助于进一步增强并扩散尿液的气味，这往往让毫无察觉的主人在开启电脑工作或做早餐放入面包片烘烤时大吃一惊。主人无意中带入家中的带有新气味的物品也可能成为猫喷洒的目标，这就是为什么琼斯太太那双漂亮的新靴子会让塞西尔如此困扰的原因。

这些在房屋、花园或农场周围广泛喷洒

的尿液究竟传达了什么样的信息呢？通过观察一只猫嗅闻另一只猫留下的尿渍时的反应，我们可以推测尿液本身并不会对气味接收者构成威胁。有趣的是，尿渍的信息只会引起猫的兴趣，并不会让它们感到害怕。它似乎仅仅作为一个信息传递点存在。

　　早期由华纳·帕萨尼西（Warner Passanisi）和大卫·麦克唐纳（David Macdonald）进行的研究，着眼于农场猫对不同种类和来源的其他猫尿液的反应，比较了每种尿液被嗅闻的程度——即相对于其他样本，每种尿液样品"受欢迎"的程度。他们将自家猫群中公猫喷洒的尿液、公猫蹲坐排尿的尿液以及母猫蹲坐排尿的尿液进行了对比。实验中的测试猫分别接触从它们自己所在群、紧邻的其他群，以及完全陌生且未知的群中采集的不同类型的尿液样本。研究结果显示，尽管猫会嗅闻蹲坐排尿留下的尿液，但从花在嗅闻上的时间来看，最"受欢迎"的类型无疑是喷洒的尿液，无论公母都是如此。此外，公猫（也有一些母猫）对来自三个不同源头猫群的尿液样本嗅闻的时间各不相同。它们对来自未知群落的尿液样本嗅闻时间最长，而对邻近群体来源的尿液样本嗅闻时间较短。来自自家群内的猫尿液样本获得的嗅闻时间最少。[38] 虽然通过测量嗅闻时间来评估猫从尿液中获取信息的方法是很不全面的，但这项研究的结果中，猫对蹲坐排的尿和喷洒的尿液的不同反应表明，喷洒的尿液中可能存在某种独特之处。事实上研究发现，猫蹲坐排的尿与喷洒的尿液在化学成分上确实存在细微差异，尽管这些差异的来源尚未明确。过去有人提出，喷洒的尿液可能包含了猫在喷洒尿液时从肛门腺释放的分泌物。然而，在研究大型猫科动物如狮子时，并未在其尿液标记中找到肛门腺分泌物存在的证据。此外，考虑到肛门腺在尿液排出过程中并未直接接触尿液，因此不太可能将大量物质传递到尿液中。

科学家在分析家猫尿液成分时，发现其中包含了一种混合物，既包括挥发性物质（会蒸发成气体并悬浮在空气中的物质），也包括非挥发性物质（不会蒸发的物质）。对公猫尿液中众多挥发性成分的详细研究揭示，在尿液暴露于空气后的最初 30 分钟内，这些成分会持续发生变化。[39] 研究人员通过习惯化、去习惯化嗅闻测试来探索猫是否能察觉到这种随时间推移的变化。他们连续四次向猫呈现来自另一只猫的新鲜尿液样本，然后在最后的去习惯化测试阶段展示同一猫 24 小时之前的旧尿液样本。实验结果显示，在最初的四次呈现过程中，猫的嗅闻频率逐渐减少，当它们接触到这个较旧的样本时，嗅闻频率反而增加，这表明猫能够区分新旧尿液的不同。然而，难以确定的是猫在嗅闻过程中究竟能获取多少信息——它们仅仅通过嗅闻就能确切知道标记的时间有多久远，还是只知道两者有所不同？

同一项研究还证实，猫能够区分两个不同个体的尿液，但随着尿液留存时间变长，区分也会变得更为困难。至于猫究竟是通过尿液中的哪些成分来辨别差异，目前仍然是一个谜团。

这些气味感知技能在室内受控条件下得到了验证。而在户外自然环境中，还有温度、雨水和风等其他的环境干扰因素，标记所在事物表面类型的不同，也可能影响尿液信息变化的速度。尽管如此，当我们看到一只家猫在嗅闻篱笆柱，陶醉地表现出弗莱曼反应时，可以推测它们正在推断这里是否有其他猫经过以及经过的时间。通过这种方式，在猫密度较高的区域，户外游荡的猫可以避免彼此撞见，甚至可能学会"按时间段分享"路线，在一天中不同的时间使用相同的领地空间。

在从猫尿液里发现的众多物质中，科学家惊讶地发现了蛋白质。一般来说，哺乳动物的尿液中通常不会排出蛋白质，其存在往往被视为疾病或异常状况的标志。然而，猫尿却经常包含一种名为促生素（cauxin）的蛋白质。[40] 这种蛋白质负责调节一种名为猫尿氨酸（felinine）的独特氨基酸的生成，该氨基酸只存在于猫科家族中的某些成员体内，并且也会通过尿液排泄出来。猫尿氨酸是由半胱氨酸和蛋氨酸两种氨基酸合成的，[41] 而这两者是猫只能从其肉食性饮食中获取的。

小猫大约在三个月大的时候开始排泄猫尿氨酸，随着年龄的增长，猫尿氨酸在尿液中的浓度也会逐渐增加。相较于母猫和绝育的公猫，未绝育的公猫体内的猫尿氨酸浓度更高。猫尿氨酸本来是无味的，但一旦随尿液排出体外，接触到空气和微生物后，它会开始分解，释放出含硫的挥发性分子——硫醇类化合物。这些硫醇与氨一起，构成了猫尿特有的强烈气味。随着时间的推移，猫尿的气味会变得更加强烈且更加成熟。

有研究表明，公猫尿液的强烈气味在母猫选择配偶时可能发挥着重要作用，至少对于那些必须自食其力、狩猎求生的野猫而言是如此。逻辑上讲，由于产生猫尿氨酸需要摄入肉类，因此狩猎能力强、捕食能力好的公猫会因此而生成更多的猫尿氨酸，所以它们的尿液也会具有更浓烈的气味。这种真实反映健康状况和生存能力的信号在许多动物物种中普遍存在，使得雌性能够根据这些信号挑选出最优秀的雄性作为后代的父亲。[42]

但对于大多数人来说，当你走进房间时很难忽视那种猫特有的气味，它非常独特且往往强烈到让人难以忍受，这是许多猫主人的噩梦。虽然我们确确实实能够闻到这种气味，但就猫而言，人类对猫尿"信息"的反应通常并不理想。除了可能意识到有什么事情困扰着我们的猫之外，我们实际上并未真正理解这个信息。与另一只猫出于兴趣去嗅闻不同，我们的本能是尽快去除它，比如清洗该区域或用其他香味覆盖它。多年来，我们清洁家居的习惯以及电视广告的有效营销促使我们用各种商业产品来达到最佳清洁效果。因此，当我们清理猫喷尿的地方时，往往会首选这些产品。然而，这就出现了一个问题：许多清洁产品中含有氨，而猫尿中也含有氨。所以当我们用含有氨的"松香型"清洁产品覆盖尿渍时，对我们来说闻起来像是挪威松树林的区域，在猫闻起来却像是来自猫尿的氨味，而且还不是它们自己的，所以这反而会导致猫有强烈的冲动再次用自己的尿液在那个令猫不爽的气味上进行标记。这样一来，主人常常无意间与猫展开了一场气味上的"对战"，而不是成功地彻底消除最初的臭味标记。

更有效的去除尿渍的方法是使用酶基清洁产品，可以选择专门为猫尿设计的商业产品，或是用生物酶洗涤粉和温水自制清洁溶液。这些产品中的酶能够更有效地分解尿液中的异味成分。为了避免猫再次在同一区域标记，可以通过重新设定该区域为猫的休息或进食场所的方法，阻止它们重复这种令人头疼的行为。

确实，人们常常注意到猫尿的气味与某些植物和食物的香味之间存在相似性。这并非仅仅是嗅觉上的过度联想。事实证明，会产生类似猫尿气味的硫醇类化合物同样自然存在于长相思葡萄（Sauvignon Blanc）和黑醋栗等植物中。使用特定品种啤酒花酿造的啤酒以及新鲜榨取的柚子汁中也含有这种"猫味"元素。在高浓度下，这种特定的硫醇分子会产生强烈的类似于猫尿的气味，但在浓度较低时，它会散发出清新爽口的长相思白葡萄酒中的果香气息。

虽然我们肯定不愿意闻猫的粪便，但这对于猫自身而言却极具吸引力。大多数情况下，猫会在松散的地面（或猫砂盆）排便，并通过抓挠底材将其掩盖起来。然而，未绝育的公猫，特别是那些生活在群体中和辽阔的乡村领地内的公猫，有 ₄₈ 时会选择在领地边缘留下部分暴露在外的粪便，这很可能是为了向其他猫发出一种嗅觉信号。就像对待尿液那样，猫也能从彼此的粪便中获取大量信息。在一项研究中，当给猫提供三个粪便样本（它们自己的、来自熟悉个体的以及来自陌生个体的）时，相较于其他两个样本，猫会花更多时间去嗅闻陌生猫的粪便。[43] 显然，陌生猫的粪便更具吸引力。

然而这种好奇心会随着时间逐渐减弱，当陌生粪便样本被展示时间越多，它们对猫的吸引力就越小。

通过对猫粪便进行更深入的研究（是的，确实有些科学家会这样做），另一项研究揭示了一个令人惊讶的发现：猫特有的猫尿氨酸

又出现在了粪便中。[44] 此前人们认为猫尿氨酸仅存在于尿液中，但现在了解到它通过肝脏分泌的胆汁进入粪便。与在尿液中的表现不同的是，猫尿氨酸在公猫和母猫的粪便中含量相等。不过相较于母猫，公猫的粪便中明显含有更高浓度的3-巯基-3-甲基-1-丁醇化合物（MMB）。有趣的是，这种MMB实际上是由猫尿氨酸分解产生的。[45] 一些猫尿氨酸在大肠中分解成为MMB，并与正常的猫尿氨酸一起随粪便排出体外。公猫似乎比母猫能分解出更多的猫尿氨酸生成MMB，导致公猫粪便中MMB浓度较高，但两者粪便中的实际猫尿氨酸水平保持了一致。此外，粪便中的MMB含量也会随着时间变化。因此，在猫调查粪便时，MMB可能成为一种衡量信号，帮助它们识别粪便被排泄的时间以及排泄者的性别。同时，粪便中还含有一系列猫个体特定的脂肪酸混合物，这有助于嗅探者识别这些粪便来自哪只猫。

抓挠行为

对于猫主人来说，除了喷洒尿液外，最让他们头疼的莫过于猫的抓挠行为。一项调查显示，超过半数（52%）的人表示自家的猫会抓挠家中"不应被破坏"的物品。[46] 然而，抓挠其实是猫的一种完全正常且必不可少的行为表现，它不仅满足了猫的实际需求，还在无形中成为它们进行交流的一种微妙方式。

猫的爪子不断生长，随着底层的新趾甲替换旧层，就需要让表面的死皮松动并脱落。猫通过在物体表面上抓挠或"磨爪"，来去除这些被称为鞘或外壳的爪尖外层。然而，抓挠的意义远不止日常的修甲那么简单。当猫抓挠时，它们还在以两种不同的方式进行交流。首先，抓挠在物体表面留下的痕迹形成了一种视觉信号，这种信号会被其他猫注意到，在人类家中自然也会引起人们的注意。其次，更微妙的是，猫脚趾间有一种被称为叉指腺的腺体，在猫抓挠时会在这块被刮擦过的表面上留下气味标记。科学家们分析了这种残留物，并从中鉴定出一种由脂肪酸混合组成的、存在于猫科动物趾间的化学信息素。

野猫和有户外活动机会的家养猫通常会选择领地内显著的位置进行抓挠标记，这些位置往往是在它们常走的路径上而非边界区域。[47] 像树干这样易于抓挠且垂直于地面的表面经常会被它们盯上，而且树皮较软的树木比硬皮树木更受青睐。至于室内环境中的宠物猫，在挑选抓挠地点时也会有偏好，它们往往喜欢选择爪子容易抓紧的织物材质。猫在刚睡醒时会有抓挠行为，并且会在抓挠的同时舒展身体，因此，它们会倾向于选择稳固、不易翻倒的竖直物体作为目标，许多猫主人深有体会，客厅沙发或布艺椅子是重灾区。另外，也有部分猫偏爱抓挠水平面，比如地毯或剑麻质地的门垫。家庭内部的紧张与矛盾会让猫有强烈的标记领地的冲动，因此猫的抓挠行为会比平时更频繁，这时人类常见的做法是呵斥猫让其停止，但这样做的长期效果很有限，甚至可能因增加猫的压力而使其抓挠行为变本加厉。尤其在饥饿或感到困扰时，猫还会在主人面前抓挠以寻求关注。一些无法忍受猫抓挠行为的主人会选择给猫进行去爪手术（onychectomy），但他们通常没有充分认识到这

种手术的规模、侵入性和痛苦程度。实际上，该手术不仅去除了猫的趾甲，还彻底切除了猫的爪末端关节。目前，在很多国家和地区，这样的去爪手术已被立法禁止。

比起阻止宠物猫抓挠，提供替代的抓挠目标才是解决这一问题的最佳方案。主人应引导猫将其抓挠行为转向那些主人不介意被挠且对猫来说比之前更佳的目标。比如，可以在猫过去常抓挠的地方、在它们经常睡觉的地点附近或靠近出口和门口（猫可能觉得需要在此标记其存在感）的地方放置几根稳固且表面覆盖着麻布、剑麻绳或地毯的优质抓挠柱。

一旦抓挠柱开始被猫抓挠，由于其表面变得更粗糙、更具吸引力，并带有猫自身的气味，猫就更有可能再次回到这里进行抓挠。不过替换或放置新的猫抓物品最大的挑战是如何在最开始就吸引猫的注意，让猫去使用。有一种方法是在抓挠柱或其他物品上喷洒猫薄荷喷雾——对于会对猫薄荷产生反应的猫来说，这是一种有效的引诱，因为它们可能会在兴奋时用脸蹭擦或抓挠柱子，这样就在新表面上完成了标记。

正如第 5 章中深入讨论的那样，家猫用脸颊、侧腹和尾巴蹭擦其他猫或人类的行为似乎是某种触觉互动式的社交方式，类似于相互梳理。猫也会在物体上频繁地蹭擦，这在某些社交场合可能更多的是一种视觉信号展示行为。然而，仔细观察宠物猫经常蹭擦的橱柜角落或门框边缘，你就会注意到上面

经常有污渍。这些痕迹是由猫脸颊、太阳穴、耳朵以及嘴角处面部腺体分泌的一种蜡样渗出物形成的。猫可能会将整个脸部从下颌边缘至耳根部分在突出的垂直表面尽情蹭擦，有时来回好几次，甚至这种蹭擦偶尔会扩大到全身。此外，位于下颌下方的名为口周腺的腺体会在猫接触地面较低物体时发挥作用。

当一只猫遇到另一只猫的蹭擦标记时，它会进行长时间的探索，仔细地嗅闻痕迹，或是出现裂唇嗅反应。处于发情期的母猫比平时更频繁地进行蹭擦，而公猫对这种母猫的蹭擦痕迹表现出更大的兴趣。这一反应表明，蹭擦标记传达了关于母猫性成熟状态的信息，而且还伴随着其他尚未被科学阐明的社交细节。如果猫在你的腿上反复磨蹭，那大概是在对你表达喜欢，期待着你的抚摸。正如马克·吐温所说的那样，"如果你愿意的话，就允许她在你身上留下属于她的痕迹"。

 52

跟着气味线索走

我打开后门，步入七月温暖的午后阳光中，一直在厨房盯着我的布兹趁机溜出门外。站在室外，我驻足闻了闻空气——邻居正在修剪草坪，那股醉人的青草香气瞬间让我回想起童年时光：那时我看着父亲一丝不苟地在草坪上割出一道道整齐笔直的绿色线条。随后，我注意到布兹正沿着花园小径漫步，沿途嗅着空气、地面以及各色植物，她此刻究竟在享受怎样一场嗅觉的奇妙之旅呢？

在哺乳动物的感官系统中，嗅觉感官是很特殊的，由嗅球接收到的信息会直接传输至大脑的边缘系统，包括与情绪紧密相关的杏仁核以及控制记忆的海马体。我们都有过这样的经历：一股刚被修剪下来的青草的气味或新鲜出炉的巧克力曲奇香气，就能让思绪瞬间被拉回遥远而几乎遗忘的记忆深处。科学家将这些与气味相关的记忆称为"普鲁斯特时刻"，以法国作家马塞尔·普鲁斯特的名字命名，因为他首次描述了这种气味记忆。虽然很难确切知道猫是否也享受这样的感觉，但它们确实拥有识别曾经出现过的气味的能力，例如之前提到的猫对母亲气味的辨认。

　　长期以来，人们普遍认为人类的嗅觉非常差。这种观点部分源于我们把自己与那些日常生活中更依赖嗅觉能力的哺乳动物相比较。例如，我们利用具有超凡嗅觉感知和追踪能力的"嗅探犬"来发现那些我们自身无法察觉的事物。如果观察我们的猫，可以发现它们像布兹一样在花园中漫步时捕捉沿途各种气味的样子，其中也包括它们在撒娇蹭我们脚踝时留下的气味。

　　1879 年，著名的神经解剖学家，以对大脑和语言的研究而闻名的保罗·布洛卡（Paul Broca），注意到相较于其他动物，人类大脑中的嗅觉皮层在整个大脑中所占比例较小。布洛卡称这是为了容纳我们相对更大的前额叶，所以这部分区域出现了萎缩现象。[48] 因此，人类被归类为"微嗅觉者"或"弱嗅觉者"，意味着我们的嗅觉能力较差，这一标签一直贴到了现在。

　　现代科学家约翰·麦根（John McGann）等人开始质疑这一传统观念，并将其称为"19 世纪的认知"。[49] 新的同质化分离技术表明，尽管人类的嗅觉皮层相对较小，但其中包含的神经元数量与所谓的"超级嗅觉者"动物大致相同。此外，我们大脑的嗅觉部分实际上并未随着时间推移而缩小，相反，是大脑其他区域不断扩张，使得嗅觉区在整体比例上显得较小。

事实证明，人类的嗅觉能力其实远比我们认为的要好，尽管还无法与猫或狗那样令人惊叹的嗅觉相提并论，但科学家发现，人类能够分辨无数不同的气味刺激，[50] 并且拥有与某些更依赖嗅觉的哺乳动物相当的嗅觉能力。有个有趣的例子来自一个由美国和以色列的神经科学家与工程师组成的团队设计的一项实验。实验中，学生志愿者被蒙住眼睛和耳朵，然后被带到一片田野里，看他们是否能追踪到研究人员预先铺设的一条气味路线。这条路线是用诱人的巧克力香味精油沿着大约 33 英尺①长的路径滴落而成。参与者要趴在地上完成路线，就像狗狗跟踪气味时那样曲折前进。结果有三分之二的志愿者成功完成了任务，值得注意的是，他们在完成这项任务时并未经过任何练习或训练。[51] 虽然我们的嗅觉技能可能永远无法与家中的狗或猫相媲美，但这无疑是一个不错的证明，说明人类在某种程度上也具备出色的嗅觉能力。

科学家非常感兴趣的是，人类是否会像其他许多哺乳动物一样，在社交场合利用嗅觉与他人进行交流，以及和其他物种间是否存在嗅觉沟通。在西方，气味嗅探行为在人类社交中是被反感的。故意去闻一个刚认识的人被认为是不礼貌的，是"动物"的行为。然而，研究表明，嗅觉在社交中的重要性远

54

---

① 约 10 米。——编者注

超过我们的认知。首先，就像猫一样，我们人体上遍布着分泌汗液、皮脂和体味的腺体。人类实际上相当有味道，不然你接近猫的时候，它为什么会对你仔细闻个不停呢？而且我们在遮盖自身体味方面投入了大量的时间和金钱，比如使用香皂、除臭剂和香水等产品来掩盖自身的体味。

关于人类对嗅觉的应用研究正不断产生新的发现。例如，我们现在了解到，体验不同情绪会导致我们的体味产生相应变化——人们可以从他人的气味中判断他们是否刚刚处于恐惧的情绪中。虽然我们通常不会看到人们在闻自己或彼此的气味，但研究表明我们并不是没有这样做过，而是这种行为非常微妙且不易被察觉。一项针对来自 19 个不同国家的 400 名参与者的调查显示，超过 90% 的人承认曾闻过自己的手或腋下的气味。同样有 94% 的人表示会闻他们的亲戚，而 60% 的人承认曾经闻过陌生人的气味。[52]

我们除了有意识但隐蔽地闻自己以外，似乎有时在不知不觉中也会闻自己和他人。一项著名的实验聚焦于握手这一人类互动行为是否为人类秘密交换化学信号的一种方式。实验结果显示，在与同性握手后，人们会比平常情况下更频繁地闻自己的右手（即握手那只手），频率大约是平时的两倍。研究还发现，在握手过程中，多种挥发性分子，可能是潜在的化学信号，会从一个人被传递给另一个人。[53]

我们的手部携带了大量的信息，无论是有意识的还是无意识的。在与猫互动时，我们都要了解到这一点。与猫建立沟通的最好方法之一是轻轻地伸出一只手朝向它们，最好是手指微微弯曲收在手心里，以免让猫觉得你要去触摸它们。给猫一

个接近闻你手的机会，让它们花必要的
时间充分嗅闻。它们通常会长时间、仔
细地嗅探，尝试获取你手上所有可以提
供的气味信息。

对狗和马的研究表明，这些家养
动物能够区分人类在快乐与恐惧情绪中采集的体味样本。虽然
这一现象尚未在猫身上进行测试，但很可能它们也能通过嗅觉
线索捕捉我们情绪变化的微妙差异。

我们能否通过嗅觉分辨自家的猫？一项关于此课题的小
研究得出的答案是否定的。在让主人分别闻自家猫和陌生猫的
气味时，主人成功辨认出自家猫的概率并未高于随机猜测的成
功率。这与另一项探讨主人能否通过气味识别自家狗的研究形
成对比，该研究显示 88.5% 的主人能够通过嗅觉辨识出自己
的狗。可能是因为猫热衷于自我清洁，因此相较狗来说体味较
少，更难以通过气味来辨别。显然，我们的宠物猫已经意识到
人类无法通过嗅觉感知它们的气味，并转而采用更偏向触觉和
视觉的方式来吸引我们的注意力，这也进一步阻碍了我们在与
猫互动时利用嗅觉。

气味强烈的植物

猫可能是地球上最严格的食肉动物之一，以至于它们常
被称为超肉食者或绝对肉食者。它们的生活完全围绕着肉类展
开。不过猫对某些植物却有着奇特的偏好。这种偏好并非将这
些植物纳入饮食习惯，而是作为一种偶尔互动娱乐的方式。

有一本非常古老的书籍，出版于 1768 年，是由植物学家菲利普·米勒（Philip Miller）所著，书名为《园丁词典》（*The Gardeners Dictionary*）。这是一本对所有与植物和园艺相关的事物进行详尽描述的著作，其中包含了荆芥（*Nepeta cataria*）这种植物的一段简短介绍："它被称为猫薄荷，因为猫非常喜欢它，尤其是在其枯萎时，猫会在上面翻滚，并将其撕成碎片，满心欢喜地在口中咀嚼。"

这段描述被认为是最早记录猫薄荷对家猫影响的记载之一。荆芥是一种多年生草本植物，开有小白花，如今更常被称为猫薄荷，以便将其与那些对猫缺乏吸引效果的其他种区分开来。

米勒的简短描述仅涉及了猫薄荷给许多猫带来的一系列广泛行为影响。虽然猫在闻到猫薄荷后有时会出现裂唇嗅反应，但研究显示，这种特定气味是通过猫正常的鼻腔嗅觉系统而非犁鼻器进行处理的。[54] 在嗅闻之后，它们通常会在猫薄荷来源处蹭擦面部，并常常舔舐或吸食它，过程中会流涎，还会兴奋地打滚并与之互动。对于现代的家猫来说，触发这一反应的物品往往是装有干燥猫薄荷的小型软玩具。干燥猫薄荷已经成为猫玩具行业多年来的主打产品之一，常被加入吸引猫玩耍的产品中。猫对猫薄荷表现出的极度愉悦反应通常持续 10~15 分钟，随后效果逐渐消失，接下来大约 1 小时的时间内，猫薄荷不会再起效。不过效果的减退只是暂时的——正如喜欢猫薄荷的猫的主人所知，当同一款猫薄荷玩具再次被从沙发下拿出来时，猫依然会玩得不亦乐乎。

猫这种神奇的行为自然地引起了科学家们的注意，他们热衷于探究这种奇妙植物背后的故事。1967 年，遗传学家尼尔·托德（Neil Todd）发现猫对猫薄荷的反应是由显性基因决定的，只有三分之二的猫会对它产生反应。[55] 即使是这部分猫，小猫也要至少 3 个月大才会开始有反应，通常要到 6 个月大时才会有所表现。猫薄荷的秘密成分是一种名为荆芥内酯（nepetalactone）的化合物，该物质对猫科动物的影响广泛，许多大型猫科动物如老虎、豹猫和狮子在闻到荆芥内酯时也会表现出类似的行为。然而，为什么荆芥内酯会在猫及其近亲中产生这种反应，至今仍然是一个谜。

除了猫薄荷，人们还发现了更多对猫具有特殊吸引力的植物。这些植物包括鞑靼忍冬 [56]、缬草根和银藤。研究银藤的科学家发现，猫对该植物产生反应的成分是假荆芥内酯（nepetalactol），它与猫薄荷中的荆芥内酯类似。[57]

在 1964 年一篇冷门论文《猫薄荷：其存在意义》（*Catnip: Its Raison d'Être*）[58] 中，康奈尔大学的托马斯·艾斯纳（Thomas Eisner）描述了一系列实验，表明假荆芥内酯具有

58

驱赶某些昆虫的能力。他推测，假荆芥内酯作为一种保护机制，能够阻止以植物为食的昆虫食用产生该化合物的植物，例如猫薄荷。受到艾斯纳这一发现的启发，研究银藤的科研人员决定探究这一效应在猫身上的表现。他们发现，那些在银藤叶子上蹭擦头部和面部的猫，能够获得驱蚊效果。猫对这些植物表现出的异常行为反应实际上是具有实用价值的，尽管这可能

是无意识的、偶然的结果。这一点无疑将会得到更多关注和研究。

8 周过去了，对于像沙巴这样的家猫妈妈来说，随着她那 6 个活泼好动的小猫崽在身边飞奔跳跃，母性正逐渐淡去。有时当她躺下休息，某只小猫会试图趁机吮吸她的乳汁，而她会迅速地将它们推开。如今小猫们已经完全断奶，几乎不再依赖她了。当我放下盛着食物的碟子时，看着它们兴奋地闻到肉食香味跑过来，心中不禁感慨，很快它们就要各自前往新的家庭，每只小猫都会带走一块来自它们睡箱中充满母亲和兄弟姐妹气味的小毯子。这块沾满熟悉气味的毯子有助于它们适应即将到来的巨大变化和挑战——陌生的环境气味、不同的家庭以及学习与新主人沟通交流。

03 吸引人类从一声"喵"开始

　　　　猫似乎秉持着这样的信念：大胆表达自己的愿望总是没错的。

　　——约瑟夫·伍德·克鲁奇（Joseph Wood Krutch）[1]

　　"那只躲在那里的小崽子，只会坐着朝人嘶吼。"学校的管理员指着老教学楼下面的一个洞口对我说。我蹲下身子，往里张望，跟那只又脏又瘦的小猫打招呼："你好呀。"没想到他立刻以全力向我发出嘶吼声。这只被亲切地称为"嘶吼小西德"的猫，是后来我和同事们从学校里救助的一群野猫中的一员，这些野猫在学校里日渐成为一种困扰。在救援中心暂住一段时间后，所有猫都接受了绝育手术，小猫们也都找到了新的领养家庭。之后，这些猫被转移到一个农场。接下来几年，我每天

---

① 约瑟夫·伍德·克鲁奇（1893~1970），美国自然文学作家、社会评论家、自然主义者，创作过多部关于美国西南部的自然文学作品。

都会去农场为它们在一个特别搭建的猫舍里投喂食物，这些猫逐渐成为我生活的一部分。在这个过程中，随着对我建立起信任，它们找到了与我沟通的新方式，对我的嘶吼越来越少，更多地发出了家养宠物猫那种友好的声音。在猫的世界里，气味至关重要，当它们初次听到人类说话时，一定是一种令猫困惑的体验。人类对人类、人类对它们都会发出众多不同且陌生的声音。人类对语言非常痴迷，遇到什么都会喋喋不休地说个不停。由于对猫发出的"语言"声音所代表的意义感到好奇，我们同样对猫的各种发声方式产生了浓厚的兴趣。在历史书籍的深处，有一则可以追溯到 1772 年 3 月 21 日的记录，那不勒斯的阿巴贝·加利亚尼（Abbé Galiani）[59] 在其日记中写下了关于猫类发声行为最早的一些记录见解。

"我正在抚养两只猫，并研究它们的习惯，这完全是一个全新的科学观察领域……我养的是一只公猫和一只母猫，我将它们与邻近的猫隔离开来，并密切地观察它们。你相信吗——在它们恋爱的几个月里，它们一次都没有喵喵叫过。由此我们了解到，喵喵叫并非它们表达爱意的语言，而更像是向不在场的对象发出的一种信号。"

加利亚尼当时并未意识到，他关于两只猫从不互相喵喵叫的观察实际上已经领先于时代。猫发出"喵喵"声的真实目的直到几个世纪后，随着对猫类进行大规模科学研究被广泛接受才得以揭示。

在这段漫长的岁月中，有关猫的研究文献开启了一场探索猫类语言天赋的奇妙旅程。作家们大多试图按照人类语言的方式来定义猫的发声行为，识别其中的辅音、元音以及某些类似人类语言的音节。18 世纪的博物学家杜邦·德·内穆尔（Dupont de Nemours）在比较猫和狗的差异时写道："猫也有其优势，它们拥有一种语言，与狗所发元音相同，此外还多了 6 个辅音，即 m、n、g、h、v 和 f。"[60]

　　一些作家更进一步，甚至描述了猫使用人类实际词语的情况。1895 年，身为音乐家和爱猫人士的马文·R. 克拉克（Marvin R. Clark）出版了一本有趣又奇怪的书籍《猫与她的语言》（*Pussy and Her Language*）。[61] 书中包含了一篇名为"关于猫语惊人发现的论文"，据称是由法国教授阿方斯·莱昂·格里马尔迪（Alphonse Leon Grimaldi）撰写。在文中，格里马尔迪声称已经明确解析了猫的语言，并对猫如何运用元音和辅音（据称被猫"优雅地"使用），猫语的语法、单词和数字进行了深入分析。

　　格里马尔迪的论文中有一份列表，包含了他认为是猫科动物语言中最重要的 17 个词语：

格里马尔迪猫词典

Aelio	喵呜 – 食物
Lae	吱儿吱儿 – 奶
Parriere	喵嗒 – 开门
Aliloo	啊噜噜 – 水
Bl	啵噜 – 肉
Ptlee-bl	扑噜啵噜 – 鼠肉
Bleeme-bl	啵噜咪噜 – 熟肉
Pad	啪嗒 – 脚掌触地声

Leo	嘞哦 – 头部动作声
Pro	噗噜 – 爪子抓挠声
Tut	笃笃 – 肢体移动声
Papoo	啪噗 – 描述猫身体状态或质感的声音
Oolie	噢喱喱 – 梳理毛发时的声音
Mi-ouw	咪嗷 – 注意 / 小心
Purrieu	呼噜噜 – 满足或舒适
Yow	呀唔 – 消灭（愤怒或防御性叫声）
Mieouw	喵呜 – 这里（通用交流或引起注意的叫声）

62

他进一步阐述："在猫的语言中，通常将名词或动词放在句子的开头，以便让听者对接下来的内容有所准备。"仿佛这还不够高超，格里马尔迪还认为猫有计数能力。他整理了一份详尽的列表，其中"Aim"代表数字 1，"Zule"则表示百万。

格里马尔迪的这些"翻译"自然引发了各种不同的反响，许多作家认为它们纯属无稽之谈。然而，在他那些看似滑稽的观点中，确实包含了合乎逻辑的洞见。例如，他对愤怒猫的行为描述便能得到很多人的共鸣："猫会以爆发性方式怒吼出'yew'这个词，这是它最强烈的表达仇恨和宣战的方式。"

1944 年，米尔德丽德·莫尔克（Mildred Moelk）通过深入研究自家家猫发出的声音，彻底改变了人们对猫语世界的认知。她的方法是根据猫发声时口腔的状态将其分为三大类：首先是猫闭嘴发出的声音，如呼噜声、颤音、啾啾叫以及低语声，这些声音通常代表猫感到舒适、满足或者想进行友好的交流；其次是当猫张开嘴巴并逐渐闭合时发出的声音，其中包括了"喵喵"叫声、公猫和母猫的求偶呼唤以及表示攻击性的长嚎；最后是持续张嘴发出的所有声音，一般与猫的攻击性、防御性或疼痛有关，包含了咆哮、怒吼、尖叫、嘶嘶声、喷气声、更为激烈的交配呼唤以及痛苦的尖叫声。[62]

这种声音分类的难点在于，猫发声时存在着巨大程度的变异，不仅不同猫之间存在差异，即使是同一只猫也会在其叫声库中展现出多样化的表达方式。正如莫尔克所阐述的那样，"家猫与人类不同，它们无需遵循任何传统语言模式，也无需符合任何发音标准"。自从她的研究问世以来，其成果一直被用作分析猫类发声行为的基础。一些研究者尝试按照莫尔克的语音学标准对猫的叫声进行分类，而另一些则专注于研究这些声音的声学特性或聚焦于其在特定行为情境下如何展现。

虽然猫拥有极其丰富的声音表达，但猫与猫交流时，通常只会在三种特定情况下发出声音：寻找配偶、争斗以及母猫与幼崽之间的沟通。前两种往往是我们在夜晚经常会听到的非常扰民的声音，如猫叫春时的嚎叫、尖叫声以及令人毛骨悚然的声响，让我们赶紧出门寻找声源或捂住耳朵屏蔽噪音。然而，在与人类沟通的过程中，猫似乎巧妙地发现，那些温和的声音，如母猫与其幼崽之间使用的那种声音，是最能吸引我们的。

猫的"喵喵"声

新生小猫一出生即拥有发出呼噜、喷气以及几种简单"喵喵"声的能力。至少在我们听来，这些声音很简单。不过我们人类听起来会觉得更像吱吱声，实际上这包含了小猫一系列不同的叫声。除了在饥饿时会哭泣外，小猫还有一种因焦虑而发出的求救叫声，其音调、长度和音量会根据它们不安的原因而变化。[63] 寒冷时的小猫叫声最高；离开窝时的叫声最为响亮；最紧急且持续不断的叫声则出现在它们被困住的时候。还有一种叫声经常出现在母猫侧身躺下为小猫哺乳但不小心压到了小猫的时候。根据小猫不同的叫声，母猫会采取相应的行动，如找回走失的小猫或稍微改变自己的姿势等。母猫给一窝小猫哺乳时调整身体位置可以鼓励那些从没叼住乳头而且感到很冷的小猫重新依偎过来，或者让被压住的小猫挪动出来。

64

一项由魏贝卡·孔尔丁（Wiebke Konerding）[64] 及其同事进行的研究更深入地观察了成年公猫和母猫对两种不同类型的幼猫叫声录音的反应。一种叫声是在作者描述为"低唤醒"情境下录制的，这种情况下幼猫仅仅是与母亲和猫窝在空间上分离；另一种则是在"高唤醒"情境下录制的，除了与母亲分离外，实验人员还抓住并限制住了幼猫（被束缚／被困）。当听到这些录音时，成年母猫相比于那些不太紧急（远离猫窝）的叫声，更快地朝发出较紧急（被困）小猫叫声的声源（扬声器）方向定位，这表明它们能够区分这两种不同的叫声。而且这一现象并不受母猫是否生育过的影响。公猫虽然对小猫的叫声同样有所反应，但对这两种不同类型叫声的反应并无显著差异。因此，母猫似乎在某种程度上拥有识别幼猫求救叫声的内在机制。研究还表明，每只小猫都会发展出自己独特的叫声，[65] 并且年龄增长后这些叫声仍会保持不变。[66] 至于母猫能否仅凭叫声就识别出自己的某个幼崽，目前尚不清楚。

相应地，母猫在与幼崽互动时会使用一种非常特殊的叫声。这种声音通常被描述为啾鸣声或喊喊喳喳声，莫尔克将其在语音学上记作"mhrn"①。这是一种精致、欢快的声音，19世纪作家拉夫卡迪奥·赫恩（Lafcadio Hearn）②将它形容为"一种柔和的颤音咕噜声，一种纯净如爱抚般的音调"。[67]

对人类而言，所有母猫发出的这种迷人的叫声听起来都没什么区别。然而，小猫在只有4周大的时候就能识别出自己母亲的独特啾鸣声。它们不仅能将其与自己母亲的喵喵声区分开来，还能辨别不同母猫的啾鸣声和喵喵声。研究人员通过录像并分析4周大小猫群体听到自家母猫和其他母猫声音时的反应发现了这一现象。当一只母猫不在房间内时，实验人员在屏幕后向其仍在窝里的幼崽播放录音。他们播放了小猫自家母猫的喵喵声和一声问候式的啾鸣声，同时也播放了一位陌生母猫在同一育幼阶段所发出的喵喵声和啾鸣声。通过对小猫的反应进行观察，研究者发现它们对啾鸣声的警觉速度比对喵喵声更快。而且，在听到自己母亲的啾鸣声时，它们保持警觉的时间更长，更快接近声音来源（扬声器），并且在声源处停留得明显更长。[68]小猫在刚刚开始四处活动、探索世界的这个阶段就能做到这一点，这表明它们的认知水平非常高。在野外环境中，这可能是适应生存的一种表现，因为母猫外出狩猎或寻找食物时，往往会把一窝小猫藏在看不到的地方。当她返回时

---

① 想象一只鸽子咕咕地叫着"咕噜，咕噜，咕噜"，并在"噜"上加上颤音。——原注

② 中国通常使用这位作家的日文名"小泉八云"来称呼他。——编者注

发出的那令人安心的啾鸣声，则让小猫们知道现在可以安全现身了。

　　随着小猫逐渐长大并发育出成熟的声带，它们那微弱的吱吱声会逐渐演变为我们所描述的更为复杂的"喵喵"声。在研究医院和农场猫一段时间后我才意识到，像 1772 年的加利亚尼的观察一样，我也从未听到过它们之间相互喵喵叫。它们偶尔会发出嘶嘶声，坐在一起时可能会发出低低的呼噜声，但这就是它们叫声的全部。后来的研究证实了这一发现——成年猫标志性的喵喵声几乎完全用于与人类的互动中。

　　在远离人类家庭舒适环境的野外，小猫越来越独立，而它们发出的喵喵声也随之逐渐减少。然而，对家养猫来说，喵喵声无疑是对人类最常发出的声音表达。我们的宠物猫常常会在喵喵声中加入额外的声音，如颤音或呼噜声。就像人一样，有些猫比其他猫更喜欢"说话"。某些纯种猫，尤其是像缅甸猫和暹罗猫这样的东方品种，就以"话痨"性格而著称。尽管如此，许多非纯种家猫（通常称为"土猫"）也会整天对着主人撒娇喵喵叫。

　　那么，它们为什么对我们喵喵叫呢？看来它们是在与我们相伴的约 10000 多年间，已经发现我们并不能理解它们通过气味、尾巴抽动和耳朵摆动所传达的微妙语言。为了吸引我们的注意，它们需要发出声音，而且是大量的声音。对于善于适应环境的猫来说，还有什么比使用幼年时期就能有效吸引母猫回应的叫声更符合逻辑的做法呢？

那么喵喵声究竟是什么呢？要给出一个确切的答案并不容易，不同人的解读也有差异。康奈尔大学的尼古拉斯·尼卡斯特罗（Nicholas Nicastro）对喵喵声及其含义进行了深入研究。他复杂地描述定义了喵喵声的声学特性：[69]

……一种具有至少一个声带共振特性增强的音调能量频段的准周期性声音。这种叫声的持续时间介于几分之一秒到几秒钟之间。音高曲线通常呈拱形，共鸣变化常常体现在共振峰位移上，使得叫声具有类似双元音的元音品质……这种叫声类型通常包含无调性特征和装饰音（如颤音或低吼），这些特征可能在感知层面上有助于区分不同的叫声。

在瑞典隆德大学的"猫语"（Meowsic）项目中，苏珊娜·肖茨（Susanne Schötz）及其团队给出了一个稍微简单、更具语音学特点的喵喵声定义："……一种通常通过开闭口部发出的声音，包含两个或更多元音音素（如 [eo] 或 [iau]），并可能以 [m] 或 [w] 起始……"[70]

城市词典（Urban Dictionary）对喵喵声的定义更加简洁明了："喵喵是猫发出的声音。它也是人类模仿猫时所发出的声音。"[71]

对于人类的耳朵来说，喵喵声可以听起来友好、有要求、悲伤、坚决、有说服力、坚持、哀怨、抱怨、讨人喜欢，甚至恼人。一些研究者试图将喵喵声细分为不同的类别，但喵喵声在不同猫之间存在显著差异，甚至同一只猫在不同时候发出的喵喵声也会有所不同，因此分类工作颇具挑战性。尽管如此，在各种语言中似乎都有表示"喵喵"这一声音的词，从丹麦语中的"mjav"到日语中的"nya"。

无论我们选择如何表达或拼写，猫喵喵叫的声音都是无可混淆的。除非你认为听到的喵喵声实际上是一个婴儿在哭泣，这两种声音都是由喉部声带震动产生的，并且从声学角度看，两者有着惊人的相似之处，尤其是在所谓的基频方面，也就是每秒钟发出的声波数量。对于听者来说，这个频率被感知为声音的音高——频率越高，音调越高。多项研究表明，健康婴儿的哭声平均频率在 400~600 赫兹，表现为随着哭声持续下降或上升–下降的模式。[72] 尽管家养成年宠物猫的喵喵声变化巨大，但尼卡斯特罗的研究发现其平均频率约为 609 赫兹。其他研究者如肖茨也报告了类似的数据。[73]

由于音高处于相近的水平，猫的喵喵声和婴儿的哭声似乎特别难以被忽视。经过大量研究，婴儿哭声已被证明能引发成年人的警觉和不安。事实上，多伦多大学的乔安娜·杜德克（Joanna Dudek）及其同事已经证明，听到婴儿的哭声会影响我们执行其他任务的能力。[74] 目前尚未有人测试猫的喵喵声是否也有类似效果，但考虑到它们与婴儿哭声在声学上的相似性以及猫的机敏特性，我们可以合理推测，猫的喵喵声很可能也具有分散注意力的效果。

所以这就是猫难以被忽视的原因吗？它们是否以某种方式"控制"了我们的大脑，以至于我们不得不像对待婴儿一样回应它们的紧急需求呢？[75] 答案可能是肯定的，但并非猫有意为之。在驯化过程中，我们可能无意识地选择了那些叫声最具说服力、更接近人类婴儿哭声的猫。尼卡斯特罗的研究表明，相较于非洲野猫（家猫的祖先），家养宠物猫的喵喵声对人类来说听起来更为悦耳。[76]这很可能与它们发声时的不同音高有关，野猫的叫声平均频率为 255 赫兹，而家猫则高达 609 赫兹。另一项研究探讨了流浪猫和家养猫喵喵声的声学特性，发现流浪猫的喵喵声频率也远低于家养猫。[77]这项研究中的流浪猫叫声更接近尼卡斯特罗研究中野猫的叫声。这表明社会化以及与人类相处的经验以某种方式改变了家猫的喵喵声。

有趣的是，人类与它们相遇之初，它们几乎不会喵喵叫，但救助人员经常报告说，随着与人类相处时间的增加，流浪猫会提高其喵喵叫的频率。甚至在我观察农场上的部分流浪猫时，它们每天只在我准备食物并即将离开时短暂接近我，但随着时间的推移，它们也开始逐渐学会发出少许喵喵声。猫的学习速度真的非常快！

在野生猫科动物中，发现了一种似乎是有意适应并操控其他物种的正常发声行为，这种现象出现在长尾虎猫（Leopardus wiedii）身上。这一发现出自巴西亚马孙雨林地区一项由法比亚诺·德·奥利维拉·卡利亚（Fabiano de Oliveira Calleia）及其合作者进行的科学研究。研究人员尽可能多地收集了该地区各种野生猫科动物的背景信息，并采访了居住在丛林中的当地人。通过访谈，研究人员挖掘出了关于美洲狮（Puma concolor）、美洲豹（Panthera onca）和虎猫（Leopardus pardalis）模仿其猎物（如阿古提鼠和鸟类）叫声以引诱它们的逸事。[78]

有一天，研究人员在研究一群他们追踪已久的黑白桎柳猴（一种小型灵长类动物）时，目睹了一只虎猫通过模仿黑白桎柳猴幼崽的叫声吸引了负责警戒的"哨兵猴"的注意。困惑的"哨兵猴"在树上爬上爬下，试图找出幼崽声音的源头，并向群体内的其他成员发出了警告。尽管卡利亚及其同事当天的观察结果是虎猫的这一策略并未成功捕获猎物，但理论上，虎猫这种伪装成猎物之一的方式，能够诱使猎物进入更容易攻击的位置。研究人员指出，亚马孙当地居民在访谈中提到猎物的叫声都有被猫科动物复制的可能性。选择模仿猎物幼崽的叫声尤其聪明，因为这一定会被目标对象注意到。

野生动物通常倾向于保持安静，这是它们生存所必需的内在恐惧反应的一部分。尽管一些声音对于吸引配偶、驱赶敌人或发出警报是必要的，但对于许多动物来说，通过气味或视觉信号进行交流是一个避免被捕食者发现的更安全的选择。同样，对于家猫的祖先非洲野猫这样的捕食者来说，悄悄接近猎物狩猎成功的概率更大。其实闲聊是一种只有像我们人类这样不用担心被追赶和吃掉，也不必为了觅食而追赶其他物种的生物才能享受的奢侈。

驯化过程倾向发生在那些对人类不那么害怕、最适合与我们相处的动物身上。随着恐惧感的减少，它们也就不再像当初那样保持沉默了，在新的情境下，它们有了发声的机会和可能。正如达尔文本人所说："我们知道一些被驯化的动物已经养成了发出非其本性的声音的习惯。"以狗为例，它们的野生祖先狼，在幼崽时期会吠叫，但成年后则很少吠叫，此时吠叫只占其发声行为的大约 2%。幼年狼在成熟过程中会被阻止吠叫，以免引起不必要的注意或是把猎物吓跑。不过城市居民区的人都知道，许多成年的家犬会频繁吠叫。成年狼在极少的情况下会吠叫，原因只有两个：防卫领地或警告同伴。相反，狗不仅更"爱叫"，而且还会在许多不同的情境下使用吠叫声。[79]

你们在讨论什么呀？

> 当我喵喵叫的时候，那意味着……我饿了……我想碗里有食物……我现在就想碗里有食物……我想出去……我想进来……给我梳毛……把沙发底下的玩具拿出来……该换猫砂了……我把一只老鼠放进了抽屉柜……那个花瓶不是我打碎的……把我从这棵树上弄下来……请搞定隔壁那只狗……你好……再见。
>
> ——亨利·比尔德（Henry Beard）

当我们聆听猫的叫声时，是否能从它们发出的那些可爱的喵喵声中辨别出它们的需求呢？许多人觉得在听到猫叫的时候能够理解它们想要表达的意思。然而，在科学实验的严谨检验下，我们发现仅凭猫的喵喵声人类可能无法完全解读其真实意图。在一项开创性的实验中，尼古拉斯·尼卡斯特罗记录了猫在 5 种不同情境下的喵喵声：请求食物、因被梳理而不悦、请求关注、要求外出以及在汽车上感到不适。他将这些录音回放给人们听，并发现尽管参与者识别喵喵声情景的表现优于随机猜测，但在缺乏视觉提示的情况下（比如看不到正在发声的猫），人们很难准确判断猫叫声的具体含义。[80] 后续相似的研究也得出了相同的结论。

这就意味着猫的喵喵声主要是吸引人的注意力，并传达它们的某种需求或欲望，而不是向人类详尽地传递它们想要什么的具体信息。正如尼卡斯特罗所指出的那样，猫可能通过喵喵叫"来激发而非明确指定一种反应"。一旦猫通过喵喵声引起了人们的注意，它们通常会利用额外的视觉或触觉手段来进一步说明迫切需要什么，比如用头和侧腹蹭我们的腿，然后又蹭到食物储藏柜，或者直接盯着后门坐着示意。

多年来，科学家对狗吠声也有类似的认知。然而随着时间的推移，研究人员逐渐意识到，狗叫声的声学结构会根据其产生的不同情境而变化。例如，当门铃响起时，狗发出的吠叫通常比它们在玩耍或独处时更刺耳、更低沉、更长且更具重复性。[81]

所以猫的喵喵声真的只是毫无意义的吸引注意的声音吗？就像小猫用尖锐的叫声一样，成年猫似乎也拥有各自独特的喵喵声"曲目"。这在一定程度上使得人们难以区分不同情境下的喵喵声。一些科学家提出，这些变化可能类似人类不同的方言和语言。尼卡斯特罗进一步深入探究发现，猫叫与狗叫都不是简单的信号。他的研究结果显示，与猫接触的经验可以提高人们识别喵喵声情景的能力。莎拉·埃利斯（Sarah Ellis）及其合作者后来的一项研究也表明，猫主人在听自家猫的录音时，相较于陌生猫的录音，更能成功分辨出喵喵声的情境。[82]其他研究人员还发现，女性参与者在识别不同类型喵喵声的情境方面表现得更好，这可能与她们对猫的共情程度较高有关。这意味着虽然猫的喵喵声最初可能是简单的注意力获取手段，但随着个体差异、经验积累以及对特定猫的熟悉度上升，我们就能从中解读出更丰富的内容。[83]

总之，识别喵喵声的含义虽然不太容易但并非完全不可能。随着相处时间变长，宠物猫会随着主人逐渐熟悉并能够识别它们各自的叫声含义而改变其喵喵声。尼卡斯特罗将此称为"交互行为清晰化"，这是一个通过重复社会互动，两个物种逐渐塑造彼此行为的过程。

如果人类在与猫相处的过程中能够学会解析喵喵声，那么就能推测出声音中包含的一些信息。许多科学家现在都认同一个观点，那就是尽管不同物种向我们发出的声音信号有差异，但在许多动物的"语言"中，发声的一些特性是相似的。塔马斯·法拉戈（Tamás Faragó）及其同事的研究表明，在听狗的叫声时，人类会使用与评估他人声音中情绪相同的简单的固有的声学规则。[84] 这一发现呼应了达尔文 1872 年首次提出的观点："声音的音调与某些情感状态之间存在某种关系。"[85]因此，在倾听包括猫在内的其他任何物种的声音时，我们可能自然而然地、不自知地处理其中的情感内容。

研究人员已经对猫喵喵声的声学特性进行了更深入的研究。一项研究发现，在猫开心的时候（如获得零食）录制的喵喵声平均音调较高，相比之下，在不愉快情境（如在车内猫笼内）中录制的喵喵声则较低。[86] 另一项由瑞典苏珊娜·肖茨及其团队进行的不同研究也发现，不同情境下的喵喵声之间存在着一致且微妙的区别。[87] 他们发现，猫的情绪状态会影响喵喵声的音调及其变化过程。例如，积极的喵喵声（如问候或请求食物时发出）音调会上升，并以较高的音调结束；不开心或痛苦的喵喵

73

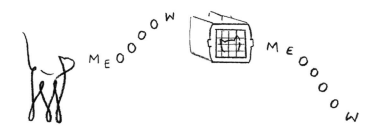

声（如被放入猫笼中旅行时发出）则会呈现音调下降的特点。

尽管人类听众可能难以区分在不同情境下录制的两个积极喵喵声之间的细微差别，比如"请求食物"和"请求关注"的叫声，但肖茨进行的一项后续研究显示，当要求听众分辨积极、愉快（如索食或打招呼）与消极、不开心（如在兽医那里）的喵喵声时，他们的表现显著优于随机猜测。正如尼卡斯特罗先前的测试所示，拥有养猫经验的听众在这方面比没有养猫经验的人做得更好。[88] 这表明我们在听到喵喵声时可以学习并识别出基本的情感信息。

在另一项研究中，帕斯卡·贝林（Pascal Belin）及其同事针对人类对积极（与食物相关的和友好的）和消极（痛苦的）猫喵喵声的感知进行了深入探索。他们通过功能性磁共振成像技术监测在播放不同情境下的喵喵声录音时听众的大脑活动。[89] 研究发现，即使听众无法明确判断这些喵喵声是积极还是消极，它们在听众大脑中引发的反应仍然有所不同。消极叫声在二级听觉皮层区域引起的反应更强，积极叫声则在侧下前额叶皮层的部分区域引起的反应更强。因此，即使未能识别这些积极和消极情绪，但对它们的感知似乎是内在固有的，这揭示了大脑反应与有意识行为之间的一个有趣脱节现象。

我们似乎对悲伤的叫声特别敏感。一项广泛的关于人们对宠物印象的调查显示，拥有宠物的成年人觉得动物的痛苦叫声比没有宠物的成年人更加悲伤。[90] 猫主人尤其对猫发出的痛苦叫声更为敏感。这种对"猫悲伤"的敏感性可能是猫主人为了更好地理解猫叫声所包含的意义而具备的。从福利角度来看，这并非一个坏的特质，我们能够尽可能地察觉到猫的悲伤情绪是非常重要的，因为众所周知，猫非常擅长隐藏疾病和压力。

猫有一种特定的"发声"行为，人们常将其描述为悲伤的声音——无声喵喵。这种声音非常有效，甚至启发了保罗·加利科（Paul Gallico）创作了一本既有趣又迷人的书籍《无声的喵喵》（*The Silent Miaow*）。[91] 猫似乎会将这种无声喵喵保留给最需要触动人心的时刻。无声喵喵要求猫首先吸引到人类的注意力，然后在保持恳求的眼神进行交流的同时，做出没有声音的喵喵发声动作。加利科在他的书中对猫俏皮地建议道："不要过度使用这一招，应把它留到适当的时机。"猫是这方面的专家。还有一种变化版本，我称之为"除了微弱沙哑的吱吱声外几乎不发出任何声音"的无声喵喵变体，其效果几乎与前者不相上下，有时甚至同样奏效。

"但是你该如何与猫交流呢？"①

人们热衷于交谈。猫也敏锐地捕捉到了这一点，于是它

————

① 出自作家 T.S.艾略特的诗歌《向猫致意》（*The Ad-dressing of Cats*）。
　　——原注

们才创造性地将幼猫叫声转变成针对人类的喵喵声。人们也喜欢与猫交谈，许多猫主人一整天都会和他们的猫进行交流，就像在跟另一个人聊天一样。在一项调查中，96% 的猫主人表示他们每天都和自己的猫说话，而 100% 的受访者承认有时会和猫说话。[92] 大部分受访者都开心地表示他们会向猫倾诉心事，与猫讨论问题和重要的事件。当主人离家外出一段时间后返回时，相比短时间外出，他们会更多地与猫交谈，就像对待另一个人那样。[93]

正如家猫在与我们交谈时会将喵喵声调整为更加甜美、音调更高的声音一样，许多主人在与猫对话时也会改变自己的语调和说话方式。大多数人在被问及这个问题时都说，他们对待猫就像对待一个人，通常是像对待小孩那样进行交流。这种结果让人联想到我们与婴儿和幼儿交谈时所采用的特殊方式，也就是所谓的"妈妈式语言"或"父母语"。这一概念已被广泛研究，主要针对人类婴儿。它在多种语言和文化中都可见（或者说可听），男女都会说。这种语言的特点是音调更高、音域更广，节奏较慢，并且包含大量重复内容。当用于与婴儿交谈时，"妈妈式语言"可能还包括语言元素的简化和夸张，比如拉长的元音："你——好——吗？"研究表明，对宠物使用的言语虽然缺乏拉长的元音，但在其他方面与"妈妈式语言"有显著相似之处。[94]

虽然这绝对不是近代才出现的现象，但我们为何会以这样的方式与婴儿和猫说话，至今仍是一个谜团。在 1897 年出版的《与家畜交谈时使用的语言》（*The Language Used in Talking to Domestic Animals*）中，H. 卡林顿·博尔顿（H.

Carrington Bolton）对此进行了尖锐的描述：

> 当人们感到难以让动物理解自己的意图时，就会试图
> 降低语言水平至接近动物智力的程度，这种方式类似于年
> 轻母亲使用那种荒谬可笑、被称为"婴儿语"的语言形式。
> 为什么婴幼儿和家养动物被认为更能理解含糊不清的声音
> 而非正常的语言，很难解释清楚。然而，或许正如博须埃
> （Bossuet）所写："耳朵被话语的节奏和音调所抚慰。"①95

博尔顿引用的博须埃颇具魅力的话实际上是很接近事实
的。研究发现，婴儿对婴儿语比对正常的成人言语表现出更
大的偏好。96妈妈式语言的独特风格富有一种"快乐"的节奏
和音调，而婴儿对此特别敏感。婴儿语可能有助于他们学习语
言，并与说话者建立情感纽带。当我们以类似的方式与猫交谈
时，或许潜意识中将它们当作自己的孩子对待。或者我们可能
在无意识中模仿猫的喵喵声，用类似的高音发声。有些人会
更进一步，实际上模仿与之互动的猫的叫声。这种行为主要
出现在年轻人群体中，他们在积极地与猫玩耍。97这种较为罕
见的做法只在猫主人中常见，而在其他家养宠物主人中并不
普遍。

虽然目前尚不清楚猫从类妈妈式语言中接收了什么信息，
但这种交流方式至少在某些时候能引起它们的注意。许多研究

---

① 原文为法语：Les oreilles sont flattées par la cadence et l'arrangement
des paroles.

语音的学者推测，这种改变发声的交流方式对于让动物意识到我们在与它们说话是非常有效的。一项专门针对家养猫对不同类型语言反应的小型研究发现，它们能够区分人对它们用的语言和与成人交谈的正常语言。[98] 然而这种情况仅限讲话者是猫主人，当陌生人讲话时，猫无法分辨这两种类型的言语差异。这再次强调了在猫与主人的关系中逐渐形成的沟通方式的重要性，特别是对于较少接触陌生人的家养宠物猫来说，这一点特别明显。

我们倒也不用特意调整音调来确保猫能听到我们说话。猫是听觉范围最广的哺乳动物之一，覆盖了 10.5 个八度音阶，[99] 而人类只有 9.3 个。我们能和猫听到一样的低频声音，但猫的高频听力能力范围远远超过我们，这使它们能够敏锐地捕捉到鼠类等猎物发出的声音。再加上它们还有一对令人惊叹的可独立旋转的耳朵，每只都能旋转整整 180 度，能极其精确地定位声源。因此，猫实在难以忽视我们的声音。

在我们呼唤猫时，它们往往不怎么搭理人，但仔细观察会发现它们其实对人类的声音非常敏锐。研究人员通过习惯化、去习惯化测试来探索猫对不同声音的反应。其中一项由研究者齐藤敦子（Atsuko Saito）和筱冢和贵（Kazutaka Shinozuka）进行的实验考察了猫对不同人喊其名字的反应。在一个听觉识别测试中，猫首先连续听三名陌生人的录音，陌生人依次间隔 30 秒喊出猫的名字，然后播放主人喊猫名字的录音。这些陌生人的性别与主人相同，并被要求模仿主人的方式喊猫的名字，尽量使声音相似。分析猫听录音时的视频显示，随着不同陌生人的名字连续出现，猫的反应逐渐减弱（习惯化）。然而，当它们听到主人的声音时，它们的反应又再次增强（去习惯化），这表明它们能够识别出主人的声音。猫并非通过明显的声带回应或身体沟通方式来表现这种识别，而是更多地通过耳朵和头部的微妙动作来表达，在听到主人而非陌生人说话时，这些动作幅度会增大。[100]

基于上述研究，齐藤及其合作者再次使用习惯化、去习惯化测试，进一步探讨了猫区分它们自己的名字与四个发音和结构相似的常用名词的能力。他们发现，当播放一般词时，猫逐渐减少对这些词的关注；但当听到自己的名字时，它们的反应又会增强。[101]这种能够识别自己名字的情形表明，在猫身上存在着一种像狗一样的听觉理解能力——即愿意倾听、理解和取悦我们的这些特质，但这在猫身上很少被提及。

你还有什么要说的吗？

虽然猫主要依赖喵喵声与人交流，但它们还有其他几种声音用来吸引我们。其中之一就是颤音。这种声音类似母猫对小猫发出的温柔、亲切的叫声，猫通常在与主人久别重逢或回应人的问候时使用颤音。它们常常将颤音和喵喵声结合在一起，形成一个更长的声音。这无疑是一种快乐、友好的发声方式，正如保罗·加利科精准观察到的那样，它会对人们产生如下影响："出于某种原因，这种声音似乎让人们感觉很好，让人的心情愉快起来。"

这种声音可能与猫在隔着窗户或玻璃门观察鸟类或其他猎物时发出的奇特叽喳声混淆。这种牙齿颤动般的噪声有时还

80

包含发声元素。这个声音的意义仍然是个谜，最可能是一种因挫败感而产生的声音，有一些研究者认为猫可能是试图模仿鸟类的鸣叫声以吸引猎物的注意力，就像亚马孙地区狡猾的虎猫那样。

　　然而，猫发出的最迷人的声音可能是呼噜声。马克·吐温曾说过："我就是无法抗拒猫，尤其是会发出呼噜声的猫。"多年来，人们一直对猫如何产生这种声音感到不解，更不用说它到底意味着什么了。早期的一种理论认为，猫胸部血管中的血液流动产生了呼噜声。但科学家逐渐意识到，这种声音实际上源自喉咙区域。现在发现它是由大脑中的一个神经振荡器官或"呼噜中枢"控制的，该中枢向喉部肌肉发送信号，然后肌肉快速开合声带之间的空间即声门，使其在猫吸气和呼气的过程中以每秒 25~150 次的速度震动，创造出连续不断的呼噜声。[102]

　　不只是家猫能够发出呼噜声，许多野生猫科动物，如猎豹，也能发出这种让人听起来非常放松的呼噜声。有趣的是，大型猫科动物中，会呼噜的种类不会吼叫，而像狮子那样会吼叫的则不能呼噜。这与它们喉部声带结构的差异有关，可以吼的大型猫科动物的声带更大且组织更多。和喵喵声一样，家猫也都有自己独特的呼噜声，不同的猫在吸气和呼气阶段之间是有差异的。

　　猫发出呼噜声的确切原因仍然是一个谜。家猫从幼崽时期就能制造这种声音，它们埋进母猫身体中吸奶时，与兄弟姐妹依偎在一起就会开始呼噜。它们在此后的生活中，在与人类或其他猫友好的接触中，在困倦或者感到温暖舒适的时候，也会发出呼噜声。一项研究记录了猫主人外出 30 分钟和 4 小时后回家时，猫的行为变化。研究人员发现，当主人离开较长时间后返回家中时，猫会明显增加呼噜次数。[103]

不过，除了舒适地蜷缩在人类膝盖上时，家猫在其他许多情况下也会发出呼噜声。与这种平静情境下的呼噜声矛盾的是，猫在压力更大的时候，如在兽医院等场合也可能发出呼噜声。一项在一家兽医诊所进行的调查显示，18% 的猫在接受兽医检查时会发出呼噜声——对于猫来说，这绝对不是一个温暖舒适的环境。有些猫在疼痛中甚至临终前也会呼噜。虽然关于呼噜声的确切解释仍然难以确定，但它可能在某种程度上具有自我安慰的作用。

无论其自然目的为何，家猫显然已经将呼噜声作为一种与人类交流的方式。有些呼噜声中包含一种更高音调的类似喵喵叫的声音，使其听起来更具音调。这通常出现在猫饥饿并试图说服主人喂食的时候。苏塞克斯大学的凯伦·麦科姆（Karen Mccomb）及其团队通过分析不同情境下录制的呼噜声的声学特性，发现了这种"嵌在呼噜声中的哭声"。[104] 当人们听到录制的呼噜声时，可以区分出正常的呼噜声和含有喵喵声的呼噜声，并发现后者在性质上更显得紧急或要求强烈，不如常规满足时的呼噜声悦耳。这些紧急呼噜声中的喵喵声成分，就像普通的喵喵声一样，与婴儿的哭声在声学上有很强的相似性，这使得这些"索食"的呼噜声很难被人类忽视。

接下来，我们会走向何方？

这是一个令人印象深刻的成就。家猫作为机会主义者，已经学会了将幼年时期的叫声进行调整，以触动我们大脑的情感中枢，并不自觉地（或许并非无意）模仿我们的幼儿的行为来牵动我们的心弦。作为回应，我们也相应地调整了语言表达方式，常常像对待婴儿一样与它们交谈。我们大致能理解它们是开心还是难过。但大多数时候，一旦猫通过喵喵声引起我们的注意，它们就需要通过身体动作向我们展示它们真正想要什么。通过一些训练，我们可以更好地理解它们的需求。同时，猫显然比表现出来的更能理解我们所说的许多话语，它们会从我们不断的谈话中识别出最重要的词（比如它们的名字），期待着会有好事即将到来。

所以猫与人之间的声音交流是已经到达极致，还是仍在不断进化中呢？从进化的角度看，猫和人类用来发展这种交流方式的时间相对短暂——自我们开始相伴生活以来仅仅过去了约 10000 年。再结合猫天性独行、原本并不倾向于使用声音进行交流的事实，我们能够通过声音进行沟通本身就是一种奇迹。既然猫有着如此丰富的表达需求，它们显然不会满足于现状。

那只黑白相间的小猫正坐在小屋门外等我。从学校操场被救出至今，已近一年时间，他已经壮实了许多，皮毛厚实，健康又干净。曾经不断发出嘶嘶声的希德现在已经成了一位宣传绝育好处的"代言猫"，他的"术前"和"术后"照片通过猫杂志广为传播。按照我与他相处所学到的方式，我避开直视他的眼睛，打开了小屋门，为他和其他猫准备晚餐。当希德坐在我脚边时，我听到了他那如同马达轰鸣般的呼噜声响起。突然，他向我发出了一声带着哀求意味的喵喵叫。他终于学会了与我交流的艺术——至少在用餐时间是这样。我兴奋地向他看去，弯下腰，轻轻地伸出手让希德闻一闻。他先是小心翼翼地嗅了嗅，然后又嘶嘶起来。真是积习难改啊！

04 善于说话的尾巴和善于表达的耳朵

猫尾巴的语言不容误读,

它显示了猫的情感世界。

——阿方斯·莱昂·格里马尔迪,1895

时至正午,我在医院庭院观察的一小群猫到了午餐时间。斜坡顶端通往厨房的门打开了,一盘剩菜被拿了出来,今天的菜单上有炒鸡蛋。正好此时常驻的大公猫弗兰克结束了早晨的巡逻,正悠然地往回走。一只名叫贝蒂的母猫走向他,随着距离拉近,她的速度逐渐加快。当她快步走向弗兰克时,尾巴高高地竖起,直指天空。我记下了"竖起尾巴"。

当天下午,我一边在医院花园里漫步,一边记录其他不在观察组内的猫所在的位置。这时,一只较为友好的猫佛罗(Flo)向我走来。我弯下腰向她打招呼,再次注意到了那个熟悉的动作——她靠近我并蹭我的脚踝,在接近我时,尾巴也抬了起来。

这并不是什么新的重大发现，但在我回家的路上却让我陷入沉思。为什么佛罗对我竖起尾巴的动作与贝蒂对弗兰克的一样？佛罗是否把我视为另一种形态巨大且有两条腿的猫呢？如果是这样，我们是平等的吗？我曾见过小猫跑到母猫身边时，它们的小尾巴也会直指向上，所以也许她视我为一个长相略显奇特的母亲形象。对于猫来说，竖起尾巴意味着什么呢？这是它们故意发出的某种信号，还是像我们在焦虑时会咬嘴唇或感到快乐时会微笑那样，是一种无意识的行为呢？

我被这些神奇的行为吸引着，扩大了我的研究范围，在附近农场上找了第二群流浪猫。我花了近一年的时间来研究每一群猫之间的互动，并记录了所有可能的信息，包括它们如何使用尾巴。

随着动物物种适应不同的生态位，它们的尾巴形态和样式也发生了多种多样的变化。有些尾巴巨大得与身体其他部分不成比例；有些尾巴具有抓握功能；有的尾巴毛茸茸，有的呈羽毛状、尖刺状或柔软如蛇；还有一些则是微小的退化尾巴。某些物种，比如我们人类，就完全没有尾巴。

尾巴的功能同样变得多样化。对于没有肢体的生物（如鱼类），尾巴是必备器官，对运动至关重要。即使有了便于移动的腿脚，许多动物仍然会利用尾巴来辅助平衡和协调动作。例如，松鼠在树间跳跃时会用蓬松的大尾巴保持稳定。研究者发现，袋鼠在缓慢地吃草和移动时，尾巴会像额外的一条腿一样被使用。[105]

一些物种的尾巴已经演化成能够抓握并缠绕附近物体的结构。许多动物都有这个能力，小巢鼠会利用尾巴攀爬草茎；富有创新精神的海马会用尾巴紧紧抓住海藻枝条，以便游泳途中暂时休息一下。在新大陆灵长类动物中也发现了更为有力的抓握型尾巴，这种尾巴能在灵长类于树间荡来荡去寻找新的觅食地点时，承担起整个身体的重量。为了拥有这种力量和灵活性，这种尾巴的骨骼与肌肉结构经历了相当大的进化改变。[106]

许多动物的尾巴发展出了远超过运动和平衡的功能。一些穿山甲、豪猪、土豚和蜥蜴会利用尾巴作为武器，用于防御捕食者。

在那些容易成为其他动物猎物的物种中，尾巴常常用来在面对捕食者时做出信号反应。这种反应可能是向同类发出警告，表明有捕食者靠近；也可能是直接向捕食者传递信息，告知其已被发现并失去了偷袭的优势。有时这两种功能兼备——例如，加利福尼亚地松鼠在发现潜伏的蛇时，会摆动尾巴发出警报，提醒其他松鼠，并且通常会使蛇因暴露了藏身之处而放弃捕猎行动。[107]

科学家特别关注尾巴动作在展现动物情绪状态方面的潜力，这成为许多旨在提高动物福利（尤其是家养动物）研究的基础。例如，关于狗的研究揭示了我们可能从未想到的、狗摇尾巴的含义的丰富微妙之处。在一项由安杰洛·夸兰塔（Angelo Quaranta）及其同事进行的研究中，他们向 30 只狗展示了 4 种不同的刺激物——主人、陌生人、不熟悉的猫和不熟悉的狗，并记录了狗狗对每种刺激做出的摇尾巴反应。他们发现，当狗狗看到主人并感到开心兴奋时，它们会更多地向右侧摇尾巴。面对陌生人时，尽管热情稍减，但仍然表现出向右偏的摇摆。当狗狗盯着一只猫时，虽然摇动幅度明显减弱，但仍偏向于右侧。然而，当面对不熟悉的狗时，狗狗则会更多地向左侧摇尾巴。这项研究表明，狗的尾巴摇摆方式可以根据情境和情绪的不同而有所变化。[108]

这些向左或向右摇尾巴的行为可能是不同情绪在大脑两个半球引发特定反应的结果。当狗狗的左侧大脑活跃时，会使得摇尾巴动作以向右为主，这一侧大脑被认为与积极接近、亲近的行为相关，比如当狗狗看到主人、熟人或猫时可能会被激发。相反，遇到陌生的狗时，可能触发由右侧大脑主导的回避反应，这种反应会使得尾巴摆动呈现偏向左侧的特点。

为了测试狗是否能察觉这种不对称的摇摆，马塞洛·辛斯基契（Marcello Siniscalchi）及其共同研究者[109]向狗展示了其他狗尾巴向左侧或右侧摇摆的视频。他们发现，相比于看到向右侧摇摆的狗，它们在看到其他狗以偏向左侧的方式摇尾巴时心率更高，并且表现出更高程度的压力和焦虑行为。换句话说，它们似乎能够通过尾巴的动作感知到另一只狗处于退缩状态，这对于避开潜在的危险是一种有效的技能。

农场动物在进行不同活动或感受不同情绪时，其尾巴动作也会显示出类似的微妙变化。例如，奶牛排队时往往会保持尾巴不动；进食时会将尾巴向身体方向摆动；在接触到机械刷子时则会大幅度地摇摆尾巴。[110]还有一个令人担忧的关于尾巴行为的发现来自对猪的研究。科学家们发现，在猪圈中，若观察到越来越多的猪开始放松卷曲的尾巴或将尾巴夹起，这可能预示着猪舍内即将爆发相互咬尾行为。[111]

猫尾之妙

家猫的尾巴根据品种不同，最多可拥有 23 块高度灵活的椎骨，以及一套令人印象深刻的肌肉和神经组织。这种组合赋予了猫几乎能够向任何方向移动尾巴的能力，即可以上下左右以不同的速度摆动。古希腊人就注意到了这一点，他们将猫称为"ailouros"，这个词源于 aiolos（活动）与 oura（尾巴）的组合。现代家猫在人工选育下，从细长到短小、从蓬松到卷曲，拥有了各式各样的尾巴。

野生猫科动物虽然不具备家猫多样的尾巴形态，但依然保留了基本的灵活解剖结构，使尾巴成为绝佳的平衡辅助工具。猎豹作为高速捕食者的成功在一定程度上归功于它们用尾巴在快速移动中保持稳定的能力。从事机器人研发工作的科学家热衷于将这种灵活性融入机械设计。通过真实测量，阿米尔·帕特尔（Amir Patel）博士发现猎豹的尾巴虽然看起来粗壮且沉重，但实际上异常轻巧，占据体积的主要是大量的毛皮。他将猎豹尾巴悬挂在风洞中进行实验，观察其运动情况，结果显示猎豹尾巴具有显著的空气动力学特性，能够在猎豹移动时重新定向和稳定身体。[112] 就像它们的野生亲戚这样，对于家猫来说，尾巴也是保持平衡的重要助手。尽管它不像猎豹在非洲草原追逐瞪羚那样需要极高的速度和敏捷性，但在沿着狭窄的花园围栏或家庭书架上小心翼翼行走时，家猫的尾巴仍然是一种精密的平衡工具。

由于猫科动物属于捕食者而非被捕食物种，它们的尾巴具有一些与猎物不同的功能。当豹子、狮子以及家猫蹲伏潜行接近猎物时，会轻轻地左右摆动尾巴尖端。研究者提出，尾巴有时可能会像耍蛇人的"诱饵"一样吸引猎物的注意力，从而分散猎物对猫面部尤其是下颌的关注。换句话说，这种摆动可能是由猫的挫败感或对即将来临的食物的期待所引起的。

最有趣的大型猫科动物利用尾巴捕猎的记录之一是由E.W.古德格（E. W. Gudger）在1946年提供的。他在论文中，收集了亚马孙地区不同地方居民和探险家在1830~1946年观察美洲豹时所进行的个人观察和描述。这些观察来自巴西南部至亚马孙河源头广阔的地域范围。当美洲豹要捕鱼时，它们会专门找到一棵悬垂在河流上方的树，然后在树下蹲伏，沿着一根延伸到水面上方的木头或树枝躺下。目标猎物是大盖巨脂鲤或其他食果鱼类，它们习惯在听到果实从树上落入水中时浮到水面。美洲豹将尾巴悬垂下来，躺在木头上，轻轻用尾巴末端敲击水面模仿落果的效果。当鱼游上来探查时，美洲豹会迅速用爪子捞出它们。这一捕猎方式真是巧妙至极。[113]

与狗一样，猫的尾巴作为情绪表达的出口而发挥着重要作用。家猫通过尾巴的各种动作来展示它们的情绪，它们以优雅的姿态改变尾巴的方向，创造出多种多样的类似信号旗的动作。19世纪的教会人士、同时也是爱猫者的卡农·亨利·帕里·利登（Canon Henry Parry Liddon）将猫的尾巴描述为一种"猫情计"——反映出猫不断变化的心情。他的描述是科学的，通过研究和在误解这些信号时被猫爪抓伤的经历，我们

现在了解了许多猫尾巴姿势的含义。我最喜欢的，也是人们最熟悉且研究最多的，就是我第一次看到的贝蒂向弗兰克那种示好以及之前在医院花园里佛罗接近我时所表现出来的"尾巴朝天"行为。此时，猫会将尾巴垂直竖起，而不是炸起来，通常发生在猫走向某人或其他猫的时候。尾巴尖端可能会微微卷曲并在空中轻轻摇摆。偶尔尾巴还会颤动，让人联想到猫在对着垂直表面喷尿时的姿态。当然，猫可不会混淆这两种情境。

在观察医院和农场猫群的互动一段时间后，我分析了记录的所有互动情况，逐渐找到了猫利用尾巴进行交流的机制。我发现，当两只猫以竖起尾巴的状态接近彼此时，几乎不会出现攻击性行为。相反，如果它们以尾巴下垂的姿态接近，那结果就不好说了——有时两只猫依然显得友好，仅仅互相嗅闻一下就安静地坐在一起；但有时这也会导致敌对的行为发生。因此，通过竖起尾巴的姿势，一只猫似乎是在向另一只猫发出信号，表明它打算友好互动，这是一种类似"我来意和平"的信号。接受这一信号的猫通常会相应地抬起尾巴，之后这对猫往往会展开一系列友好行为，如互蹭头或身体（见 83 页插图）。有时，被接近的那一方可能觉得当时没有心情，于是互动就此结束，但开始阶段竖起尾巴通常可以避免互动变得不友好。[114]

93

涉及两只猫尾巴上扬的典型互动

1. 小灰走进猫群

2. 佩妮抬起尾巴走向小灰

3. 小灰抬起尾巴
回应佩妮

4. 小灰和佩妮蹭头互动

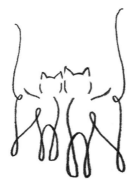

083

关于两只猫竖起尾巴的典型互动，在我早期研究的基础上，[115]南安普敦大学的夏洛特·卡梅伦－博蒙特（Charlotte Cameron-Beaumont）进行了一项实验，进一步测试了"竖起尾巴"行为。她向家猫展示其他猫的剪影，这些剪影中的猫尾巴要么垂直竖起，要么朝地面倾斜。观察结果显示，当看到竖起尾巴的猫的剪影时，观察方猫会比看到尾巴下垂的猫的剪影时更快地接近剪影，在面对竖起尾巴的猫的剪影时也更倾向于抬起自己的尾巴作为回应。有时，尾巴下垂的猫的剪影会导致观察方猫摆动尾巴或把尾巴夹到身下，这表明它们对这个尾巴下垂的猫剪影感到恼怒或恐惧。这项研究证实了竖起的尾巴是被猫识别为友好接近的一种信号。[116]

研究人员开始思考猫群内社交时竖起尾巴这一行为是否遵循某种特定的竖尾礼仪模式。意大利研究者西蒙娜·卡法佐（Simona Cafazzo）和欧金妮娅·纳托利（Eugenia Natoli）[117]对罗马一群绝育猫之间的这种行为进行了观察。她们根据不同个体的攻击性行为和地位对这些猫进行排名，并将此与它们使用尾巴信号的方式进行比较。结果显示，地位较低的猫更频繁地竖起尾巴，而地位较高的个体则更多地接收到这个信号。

竖起尾巴的行为规则也并非那么简单明了。仅仅根据猫等级划分往往过于简化了它们之间的关系，特别是在大型猫群中，猫通常会尽可能避免这样的冲突。约翰·布拉德肖（John Bradshaw）从另一个角度研究了罗马猫群的数据。他观察到，在这个群体中，母猫之间即使按照攻击性来看地位差距很大，但她们却很少使用竖起尾巴的动作进行交流。此外，他还注意到母猫经常向公猫竖起尾巴，未成年公猫也常常对成年猫采取这种姿态。布拉德肖认为，大体上来说，竖起尾巴这一动作可视为一种年轻或体形较小的猫向年长或体形较大的猫表示友好的信号，比如小猫对母猫、幼猫对成年猫以及母猫对公猫。[118]然而，在这些特定的群体内部，竖起尾巴的具体用法就不那么清晰了，可能更多地与个体性格特征及猫与猫之间的交往历史有关。

当然，并非所有的家猫都这样生活在户外群体中，在农场、医院或其他能找到人类施舍的食物或剩饭剩菜的地方生存也依然是艰难的。更多的家猫与我们共同生活在家里，有时也会与其他猫共处一室。有些宠物猫一生都在室内度过，有的则可以自由出入，尽情在户外探险。它们会面临各种各样的挑战。在室外时，我们的猫可能要与邻近的猫交流互动；在室内时，它们会努力避免与同居的其他猫发生冲突。另外，它们还需要与人类打交道。对于备受宠爱的宠物猫来说，能和我们清晰沟通的需求是非常重要的，就像在户外拥挤的流浪群体中，猫与猫之间的交流一样，这些交流都是必要的。

大多数宠物猫只需与一两只其他家养猫共享空间。不过有项不同寻常的研究关注了 14 只共同生活在同一户人家中的家猫。相较于通常在家庭环境中所见的猫群体，这 14 只猫不仅数量要大得多，而且全部被限制在室内生活。尽管它们的生活密度是许多户外猫群的约 50 倍，但在这受限环境中的攻击性水平却远低于预期。观察结果显示，尾巴信号在减少同居伙伴间的攻击行为方面起到了关键作用。研究者彭妮·伯恩斯坦（Penny Bernstein）和米奇·斯特拉克（Mickie Strack）[119] 提出："尾巴信号可以显示个体想不想进行互动，或者有没有攻击性等信息。由于尾巴可以在远处被看见，接收者能够在接触之前调整自己的回应。"

正如佛罗那天在医院向我接近时所做的那样，它们在与人互动时竖起尾巴和与其他猫互动时颇为相似——一旦看到目标对象就会立即将尾巴竖起。在与人类的交流中，猫使用尾巴信号具有一定的优势。比起气味信号，人注意到尾巴发出的信号的概率更大。为了引起人的注意，猫通常还会附加上类似喵喵叫的呼唤声。有时，猫甚至会兴奋地摇摆尾巴以加强表达效果。在不同的情况下，竖尾行为的使用频率有所不同，在等待喂食的宠物猫身上更常出现。也许家养猫在这个情境下竖起尾巴的行为就像小猫对母猫所做的那样——请求获取食物。

然而，这并非猫增加使用竖尾信号的唯一情况。在我的博士研究中，我进行了一些实验，探讨了在与熟悉的人互动时（非食物相关情境下）猫如何使用竖尾和蹭擦行为（蹭擦行为将在第5章进一步探讨）。实验设置了两种不同的条件：一种是将猫放入一个房间，房间中央站立着一位熟悉的、但并不与猫有任何互动的人（"无接触"条件）；另一种处理方式相同，但这个人每分钟抚摸猫20秒，并且自由地对猫说话（"接触"条件）。在这两种情况下，猫和人的活动均被拍摄下来，持续5分钟，随后分析录像以详细记录发生的所有互动。结果显示，在人们抚摸并跟猫说话时，猫竖起尾巴的时间显著多于人们忽略它们的时候。[120] 这似乎表明，在与人进行物理互动接触时保持尾巴竖起对猫来说很重要，也许这显示随着交流的进行，猫感到需要更进一步表达它们的友好。

就像它们对待同类那样，家猫喜欢竖起尾巴接近并蹭擦主人。它们通常会先蹭主人的腿，然后把尾巴缠绕在主人的腿上。这种竖起尾巴的行为模式在家猫中尤为常见，尤其是那些从小就和人生活在一起的猫。此外，这种行为更多地出现在天生大胆的猫身上，这种特征往往继承自它们的父亲，这一话题将在第 7 章中有更深入的探讨。

进化之尾

关于竖起尾巴的问候信号，最有趣的方面是，猫科动物家族包括家猫（*Felis catus*）和狮子（*Panthera leo*）在内有 41 个不同物种（40 种野生种类加上家猫），这一行为似乎仅存在于家猫和狮子身上。[121] 对其他野生猫科动物的观察并未发现类似现象。此外，人们对圈养的乔氏猫（*Oncifelis geoffroyi*）、狞猫（*Caracal caracal*）、丛林猫（*Felis chaus*）以及亚洲野猫（*Felis lybica ornata*）也进行了比较研究。其中前两者与家猫来自完全不同的猫科分支，而后两者同为猫属，与家猫的关系更近。尽管这些物种表现出许多与家猫相似的行为特征，但它们均不具备竖尾行为。[122] 甚至连被认为是家猫祖先的非洲野猫，也只是幼崽会对母亲竖尾巴，成年后似乎并不展示这种"竖尾"行为。

为什么几乎所有猫科动物都不会这样做，但只有家猫和狮子会竖起尾巴呢？大多数研究者认为，这可能是野猫从完全

087

独居的生活方式转变为如今家猫复杂的群居环境所导致的。狮子是唯一一种发展出群居生活的野生猫科动物，它同样表现出竖尾行为。这就表明，竖尾这一行为分别在家猫和狮子中独立成为一种社交信号，其进化动力来源于群体生活的需求，而非驯化本身。

非洲野猫最初与其他猫科动物之间几乎没有使用视觉信号的需求。母猫在抚养其幼崽和与之互动的过程中，主要通过嗅觉信号进行交流。在过去，它们会留下持久的气味供其他猫科动物经过时解读，这是一种更为安全、可远程传达信息的方式。

大约 10000 年前，由于人类活动的影响，这些野猫开始聚集在更充足的食物源周围，并试图寻找一种避免彼此之间冲突的方式。相较于同样争夺人类宠爱的竞争对手——狗，猫面临的沟通挑战更为艰巨。早在 25000~15000 年前，狗就已经进入人类的生活，那时它们已从群居生活的祖先——狼那里继承了丰富的社交技能和完善的信号表达体系。野生猫科动物的表达方式可就少多了，它们原本依赖的嗅觉交流方式在面对新出现的面对面互动情境时反应速度过慢。因此，随着野猫之间相遇频率的增加，它们不得不发展出更容易、更能快速解读的信号，尤其是那些能够从远处传达意图的视觉信号。在这种情况下，尾巴作为最合适的角色，逐渐演化出了竖起尾巴这一易于识别且具有明确含义的社交行为。

那到底竖尾信号是如何演化的呢？一些科学家提出，这种行为可能是母猫邀配行为的变体。[123] 邀配行为表现为：母猫前爪趴地，臀部高高翘起，并将尾巴稍微抬起并偏向一侧。

这种"展示仪式"可能随着时间的推移逐渐发展为竖起尾巴的问候行为。乔治·夏勒（George Schaller）在其关于塞伦盖蒂狮子的详细研究中也描述了母狮的邀配行为与它们的问候行为之间的相似性。他认为，狮子的问候模式可能是邀配行为的一种仪式化

形式。[124] 然而，也有其他研究者对该理论提出疑问，他们指出只有雌性才会展示这种邀配行为，因此其作为两性都会表现的问候行为的起源可能性不大。

还有一种可能性是，竖尾信号源于尾巴的完全不同的非信号用途。从豹子到体形小巧的沙猫，包括非洲野猫和家猫在内的很多猫科动物在喷洒尿液标记领地时，都会表现出一种类似的竖起尾巴的行为。尽管这种动作与竖尾信号相似，但它们在尿液排出后会立即放下尾巴，而且也不会边走边喷洒尿液。一些研究者提出，竖尾信号可能最初就源自这一过程，并随后逐渐发展为一种信号行为。例如，雪豹在以这种方式喷洒尿液后，经常会用头部蹭擦附近的物体。那类似这样的两种行为的组合是否也存在于非洲野猫身上，并进一步演化为如今家猫竖起尾巴以及在物体、其他猫或人类身上蹭擦头部的行为呢？这是有可能的。

然而，对于竖尾信号演化的最简单粗暴的解释是猫科动物将在幼年时期很有效的行为继续运用至成年期。小猫在接近母猫时似乎会本能地竖起尾巴。它们跑过来，小小的尾巴如

同旗杆般高高竖起，然后在母猫下巴周围进行友好的蹭擦，这之后往往能得到食物或乳汁作为回馈。对于年轻的非洲野猫来说，在共享食物源的成年野猫群中生活，保持尾巴竖起能够显得更加合群，因为其他猫都会将此视为和平与尊重的标志。同样，当家猫幼崽在成长过程中习惯了向母亲竖起尾巴后，就算离开母猫和兄弟姐妹，之后也会本能地对人类做出同样的行为。

将幼年期的行为特征保留至成年的现象被称为幼态持续（neotenization），这种现象在家养物种中是比较常见的。例如，狗成年后依然很爱玩。在猫科动物中，从幼崽时期延续至成年的行为包括发出呼噜声和用爪子做出揉捏动作（有时被称为"踩奶"）。尽管这些行为不像竖尾信号那样具有社交意义，但有自我安抚的作用，猫在成年后继续这些行为也能从中受益。

探讨了尾巴信号是如何演化出的问题后，科学家开始研究这些高度适应环境的野猫学会尾巴信号艺术的时间，以及它们同时适应与人类和其他猫进行近距离交流的必要性。这些问题一直难以得出确切答案。

这种向更社交化生活方式的转变历经了漫长的过程，野猫可能并不倾向于主动与同类进行没必要的互动。生活在沙特阿拉伯的现代非洲野猫群体，经常会与野化家猫种群聚集在同一食物来源附近。然而，与家猫不同的是，非洲野猫并未被观察到有群体社交行为。[125] 它们只是容忍彼此的存在，像许多动物一样，它们本身更喜欢独处。

直到古老的野猫被逼迫进群体生活，无法避免彼此接触也无法逃脱时，它们才开始采用新的信号交流方式。猫类研究者帕特里克·贝特森（Patrick Bateson）和丹尼斯·特纳（Dennis Turner）[126] 探讨了这种被迫群居现象最早可能发生的时间。正如第 1 章所述，古埃及人崇敬猫，并崇拜巴斯特等猫女神，甚至颁布法律禁止伤害或出口猫。然而奇怪的是，这些古埃及人也繁殖成千上万只猫专门用于祭祀猫神。该地区大型猫墓地的证据显示，这些不幸的猫在很小的时候就被折断颈部，然后作为祭品供奉在神殿中。贝特森和特纳提出，猫在被祭祀之前所居住的密集群体繁殖环境中，可能快速演化出了竖尾信号，以避免出现在这样的群体中常见的攻击行为。

关于猫何时开始对人类使用竖尾信号，目前尚无确切的时间。在塞浦路斯发现的与人类遗骸一同埋葬的猫表明，早在 10000 年前，猫似乎就已经开始与人类共处，但它们是否作为真正的宠物存在还无法确定。人类驯化猫的真正迹象直到约 3500 年前才出现，当时古埃及人在陵墓和神殿墙壁上记录了这一现象。因此，可能正是在古埃及这个时期，竖尾信号无论是在猫与猫还是在猫与人的交流中都得到了演化和发展。

耳朵和尾巴

无论起源于何时或以何种方式开始，竖起尾巴这一行为都已形成。猫被驯化的历程相对短暂，所以未来猫可能会发展出更多的视觉信号以更好地与同类和人类沟通。与此同时，猫尾巴能做的动作远不止一种友好的问候信号那么简单。猫常被认为性格高冷且不善交流，但实际上它们传达的信息远超我们的认知，尾巴的动作也不例外。在众多尝试解读这些肢体语言的努力中，有些难免过于牵强附会，特别是在某些早期关于猫行为学的著作中，出现了令人捧腹的各种尾巴姿态描述。例如，马文·R.克拉克所著书籍中提到的阿方斯·莱昂·格里马尔迪教授在其研究中对猫的行为进行了详尽描述，还写下了一些让人难以理解的看法：当猫尾巴指向火炉时，预示着即将下雨；当猫尾巴偏向门口时，意味着其女主人出门购物无须带伞。[127]

不过猫确实会经常摇摆、扫动、收拢尾巴，有时会尾巴炸毛，竖起尾巴的信号更是经常出现。遗憾的是，人类常常忽视或错过这些尾巴动作，所以有时固执地坚持接近猫并与猫互动很可能会被抓伤。这些尾巴动作通常伴随其他视觉信号一同出现，猫在表达意图时也常常改变身体姿势。有一个特别有用的意图指示器，那就是耳朵。

在猫面部表情研究领域，有一项进展是开发了一种依据面部肌肉活动来描述猫面部动作的方法。这一进展是受到专为人类设计的类似技术——面部动作编码系统（Facial Action Coding System, FACS）的启发。[128] 该系统已被调整并应用于多个动物物种，包括各类灵长类、狗、马，以及现在的猫，其中用在猫身上的被称为 CatFACS。[129] 每一个"面部动作"都对应涉及的肌肉相关的独特代码，人类和猫之间有一些动作是相似的。例如，"下唇压低"这一动作在猫和人类中均会出现，且由相同的底层肌肉引起。

然而，关于耳朵动作，人类的 FACS 并未列出任何描述。

由于人类耳朵的肌肉组织发育不够完善，除了偶尔能表演一下动耳的小把戏外，我们无法自如控制它们。相比之下，猫的耳朵拥有发达且复杂的肌肉结构，具有高度的灵活性。事实上，CatFACS 为猫的耳朵运动列出了至少 7 种不同的描述，这些动作可以相互组合，并以不同程度出现：耳朵前倾、耳朵内收、耳朵平贴、耳朵旋转、耳朵下垂、耳朵后倾和耳朵收缩。这些详细的动作是对许多猫在不同情境下的录像进行长时间的深入分析，从中识别出来的。但在日常生活情境中，人类要区分这些细节是非常困难的。当猫处于警觉活跃状态时，其耳朵可能持续处于运动状态，轻微抽动或旋转以更好地捕捉来自不同方向的声音。此外，猫的两只耳朵可以各自独立旋转，这使得耳朵动作的复杂性进一步增加。

猫的耳朵不仅能对声音做出反应，还能通过耳朵来表达情绪，为与其他个体的交流提供了信息渠道。在这方面，猫与马、羊、狗等动物相似，这些动物都会根据消极或积极的情境来调整耳朵位置。结合猫多样的尾巴动作，了解猫的不同耳朵位置（尽管不如 CatFACS 中描述得那样详细），可以为我们提供线索，帮助我们判断猫的情绪状态。

处于放松状态且清醒警觉的猫会将耳朵保持在中立位置，耳朵直立向上并朝向前方。在家中或在院子里闲逛这种日常活动中，这样的耳朵姿势是最常见的。如果猫正在行走，尾巴可能会与身体保持水平或与地面呈 45 度角。如果猫坐着，尾巴会放松地环绕在身体周围。这种状态的猫一般比较平静，没有特别专注于与任何人或事物互动。

当坐着的猫在观察什么时，尾巴会开始抽动。尾巴抽

动暗示猫感受到轻微的刺激、开心、兴奋、烦躁，想要玩耍或准备捕猎。

　　如果尾巴的抽动变为剧烈的摆动，表明受刺激或烦躁程度增加，这一般发生在猫更加专心注意目标猎物或玩具的时候。被抱在人的膝上接受抚摸时，剧烈摆动尾巴说明它已经感到不太舒服了，如果你不想被抓伤，最好赶紧停止抚摸它的行为。正如阿方斯·莱昂·格里马尔迪所说："左右摆动的尾巴预示着即将大战。"此时，猫的耳朵也可能变得更加活跃并伴有不安的抽动。

　　很多猫都会面临冲突，可能是与另一只猫争夺领地，也可能是突然出现的狗或过于热情的人使它们措手不及。由此引发的肾上腺素激增会导致它们尾巴和耳朵位置发生很明显的变化。无论是要防御还是攻击，生气的猫都会将尾巴抬起成略微弯曲的倒U形，尾巴连同全身的毛都会炸起来，有时还会侧身站立，使自己的体形看起来更大，对其他猫或其他对手形成更强的视觉冲击力。紧张的猫耳朵会向后扭转，朝向身体后方，但仍微微竖起，而不是平贴。这些身体语言表明，如果再靠近它们，就很可能会被攻击，所以最好保持适当距离。奇怪的是，小猫在追逐和与同胞玩耍时也经常会摆出这种姿势，这种玩耍形态被

105

称为"侧步"。

　　胆小或顺从的猫会摆出与攻击性猫截然不同的姿势。它们会让自己看起来更小，会在蹲伏时用尾巴紧紧裹住自己，或者站立时将尾巴夹在两腿之间。耳朵会呈现平贴的状态，要么向两侧伸出，要么在极度恐惧时紧贴头部。这种因害怕、焦虑或面对其他动物攻击行为而出现的耳朵平贴现象，在对其他物种的研究中似乎也是一个普遍课题。在猫身上，这是对其他猫和人的一种警示信号，提示在它们周围者要小心，因为恐惧可能很快转变为防御性攻击。随着情绪的变化，猫会迅速在这些耳朵、尾巴和身体姿势之间切换。

意想不到的尾巴

　　我的早期研究及后续相关研究确立了尾巴的交流地位，尤其是竖起尾巴在猫交流中的重要性。这些研究表明，在交互开始时猫尾巴的位置对交流结果的预测具有重要意义。法国研究员伯特兰·德普特（Bertrand Deputte）及其同事进行的一项后期研究更深入地考察了这种交互的初期阶段，探究当一只猫接近另一只猫时，尾巴和耳朵的位置各自发挥的作用，以及这对它们随后相遇状态的影响。[130]

研究人员对生活在救援收容所中的一群猫进行了研究，记录了一对对猫在互动时尾巴和耳朵的位置。对于每只猫，他们会记录其尾巴是竖直向上（垂直）还是向下（水平或低于水平），耳朵是中立状态（描述为"直立"）、平贴还是向下并向后倾斜，这与我之前描述的三种不同模式相吻合。在后续的部分分析中，平贴和向后倾斜这两种状态将合并归为"非直立"。

　　在两只猫尾巴均向下（水平或低于水平）的互动中，他们记录的结果非常引人关注，因为在我早期的研究中，部分尾巴下垂的接近行为推动了友好互动，而另一些导致了较为敌对的情况。我当时并未记录我所研究的猫群在互相接近时的耳朵位置，但这项新研究发现了有趣的现象。不论发起者尾巴位置如何，只要双方猫的耳朵均直立，且接收者尾巴下垂，那么互动结果更有可能是积极的。然而，如果双方猫的尾巴均下垂，发起者耳朵直立但接收者没有，那么这次相遇很有可能出现负面结果。

　　所以耳朵位置很重要。研究人员观察耳朵位置时发现，如果两只猫在互动期间均保持耳朵直立，那么互动将更倾向于友好。如果参与互动的两只猫耳朵位置不同，或者它们的耳朵均非直立状态，那么互动很可能变得不友好。

　　该研究得出结论，在猫与猫相遇时，耳朵位置比尾巴位置更重要，耳朵位置是预测互动结果的更好指标。不过我认为猫在评估接近自己的猫时应该会利用所有可用的视觉线索。有趣的是，在法国的这项研究中，所有发起社交方猫在竖起尾巴接近对方时，耳朵都是直立的，这被证明是积极结果的标志。这表明，尽管接收方猫的耳朵可能是非直立状态，但对发起社交方猫来说，竖起尾巴也很少与消极的耳朵姿势相组合。也许，当发起方猫的尾巴处于更模糊、非直立位置时，接收方猫阅读对方的耳朵姿势才更为重要。

德普特的研究还观察了这些猫与人之间的互动。他们发现在超过 97% 的互动中，猫会以竖起尾巴和耳朵直立的姿态接近人。这比它们在猫与猫的互动中竖起尾巴的发生率高得多（只有 22.4% 的互动以这种姿态开始）。研究人员提出的一个解释是，在猫与猫的互动中，耳朵位置比尾巴位置更重要，但与人互动时，猫倾向于只竖起尾巴。这可能是因为人类无法理解尾巴–耳朵组合的细微差别，所以竖起尾巴成了猫接近人时最安全、常用的行为。

此外，这种接近方式可能与猫和人之间的体形差异有关。人始终比猫大（至少希望如此），在任何非冲突情况下，这本身就可能促使猫抬起尾巴并保持耳朵竖直。

一项关于人们解读和描述不同类型犬类行为的研究显示，尾巴动作是最常用的线索。[131] 一般来说，除了竖起尾巴之外，我们对猫的其他尾巴动作不太敏感。有趣的是，狗不仅拥有与猫完全不同的语言，而且它们的一些行为模式在两种物种中代表完全相反的含义。这些相反的行为包括但不限于尾巴摇摆或扫动——在狗的世界中这是友好或顺从的信号，但在猫的世界中，根据其强度，可能预示着捕食或攻击行为。所以当这两个物种在尾巴摇摆、扫动的情况下相遇时可能出现灾难性的后果，但令人惊讶的是它们似乎清楚对方在说什么。研究观察了同一家庭中猫和狗之间的 4 种相反行为，发现有 80% 的猫对狗表现出的这类行为做出了恰当的回应。狗似乎也理解这一信息——有 75% 的狗对家中猫表现出的相反行为做出了恰当的回应。研究还发现，年龄在 6 个月或更小的动物首次接触另一物种时对对方语言的理解能力更强。[132]

不过这种接纳是需要一定时间的。在我们第一次带拉布拉多幼犬雷吉回家后的 8 个月里，每当我们的猫布西翘起尾巴接近他时，他都会去嗅她的屁股——这让布西非常反感，她会转过身来打他的鼻子。有一天我注意到雷吉终于明白了当布西翘着尾巴接近他时，他可以在她经过时用鼻子对着她的鼻子闻嗅，还可以蹭蹭她。在上述研究涉及的家庭中，研究人员发现 75% 的猫狗社交出现了这样的鼻对鼻嗅闻。我们可以从我们的家养伙伴那里观察到很多信息。

因此，佛罗竖起尾巴的谜题已经解开。其实很简单，多年前我们在医院相遇的那天，尽管我一点也不像猫，而是个两足动物，但佛罗对待我就像对待另一只猫一样。她接近我时对我进行了分析，意识到我是我们俩中年长且较大的一个，于是翘起了尾巴作为信号，这可能是为了避免冲突而采取的保险措施。这是一个和平而尊重的互动邀请。

05 保持接触

我们常常低估了触摸的力量。

——利奥·巴斯卡利亚（Leo Buscaglia）[1]

这是我们家中最典型的晚餐场景：当我和家人在厨房用餐时，我们的猫布西坐在旁边，满怀期待地等待食物。她那位开朗自信的姐姐——小黑结束了每日的街区巡逻，破猫门而入，径直走到布西面前，热情地舔舐着她的脖子。"啊哦……"我们所有人一边从餐桌旁看着这温馨的姐妹画面，一边齐声感叹。这时，布西举起爪子拍了一下小黑的脑袋，然后匆忙走开了。"布西！"我们纷纷愤慨地喊道。这就是每天重复上演的剧情。显然，这并不是猫相互梳理时应有的情景。我不禁好奇，我们经常看到的那幅理想画面——两只猫蜷缩在一起，沐浴在温暖的阳光下，满足地发出呼噜声并互相舔舐——为什么没有发生呢？

---

[1] 利奥·巴斯卡利亚（1924~1998），作家，演说家。代表作《一片叶子落下来：关于生命的故事》（*The Fall of Freddie the Leaf*）。

梳理同种其他个体的行为被称为相互梳理（allogrooming）。最初，研究者认为这仅仅是动物之间的一种互利行为，用来帮助彼此清洁身体上那些自己难以触及的部分。不同物种演化出了各自的梳理技巧——鸟类常常用喙相互梳理（互啄），马匹会互相啃咬，而灵长类动物倾向于用手梳理同伴的毛发。像家猫这样的猫科动物，其舌头上覆盖着无数朝后的倒刺状结构——乳突，这些结构设计精良，能高效地从猎物骨骼上剥离肉质。当猫进行梳理时，它们会利用粗糙的舌头充当临时梳子，并用门牙轻轻啃咬，以去除顽固的污垢或寄生虫。

研究各种社会性动物行为的科学家逐渐意识到，他们观察到的动物群体花在相互梳理上的时间远超保持清洁所需。罗宾·邓巴（Robin Dunbar）在研究灵长类动物时评论道："自然选择是一个高效的进程，通常不会容忍生物系统中有过多的冗余。因此，动物一天的时间中如此高的比例被用于梳理其他个体，表明这样做可以获得相当大的益处。"[133]

研究人员还发现，在一些灵长类动物中，社会群体越大，相互梳理的情况似乎就越多。此外，在他们研究的群体中，这种相互梳理的对象并不是随机的——某些灵长类个体仅会为特定的个体梳理，并不是为群体中的每一位成员梳理毛发。

现在已知相互梳理在动物社会中扮演的角色远不止保持清洁这么简单。有些动物似乎需要彼此接触。在包括猫、牛、细尾獴、猴子、乌鸦、田鼠和吸血蝙蝠在内的多种动物群体中，相互梳理在维持社会关系方面发挥着不可估量的作用。该行为在"分分合合"的社会体系中尤为重要，这种体系中，种群中的某些成员或亚群体可能会在一定时期内脱离核心群体，之后再返回。在这种情况下，需要通过快速重建与重要朋友和伙伴的联系来强化熟悉感和群体归属感。

互相理毛

对于群居的野猫，或是任何两只面对面相遇的猫来说，近距离接触是一项充满风险的活动。作为顶级掠食者，猫拥有一套动物王国中最致命的捕杀工具——牙齿、颌骨和利爪。尽管驯化使猫呈现了更多的亲社会行为，但这种攻击威胁性并未发生改变。如果一只猫误解了另一只的意图，那就很有可能造成严重的后果。也许正是为了避免这种情况，猫会使用第4章中提到的"竖起尾巴"姿态作为开启对话的破冰之举，凭借这一和平信号，它们可以较为自信地接近另一只猫。然而，接下来会发生什么呢？

猫原本是独居的野猫，一旦接近另一只猫后，可供其借鉴的社会行为模式相当有限。相比之下，狗则继承了其高度社会化的祖先狼丰富的表情和复杂的互动行为。相对冷漠的猫不得不摸索出一套在不激怒对方的情况下与其他猫互动的方式。

动物学家大卫·麦克唐纳和彼得·阿普斯（Peter Apps）是最早一批深入研究群居猫如何在日常生活中互动的科学家。他们的研究对象是一群未绝育的猫，生活在一处乡村农场里，依靠农场主提供的食物以及自身捕猎所得为生。随着对这些猫来来往往的日常互动的观察，麦克唐纳和阿普斯发现，群体活动远不止围绕食物资源聚集这样简单，其背后有深层的社会性基础。此外，尽管这些猫完全有能力对新来的入侵者展现出攻击性，但在群体内部，发生冲突还是比较少见的。

麦克唐纳和阿普斯在农场记录的猫之间最常见的一种行为就是相互梳理。有些成年猫特别爱为其他个体梳理毛发，而相互梳理的现象通常表现为一种互利形式，即两只猫互相为对方梳理。然而，最频繁观察到的梳理行为是母猫对小猫的舔舐清洁。母猫们将幼崽们聚拢在干草堆中，共同哺乳，并为它们清洗身体。在这温暖的乳香氛围中，小猫会初次体验到被母猫梳理的感觉。¹³⁴

母猫对小猫的梳理最初是一个单向过程。随着小猫逐渐长大，它们开始回馈母爱，从梳理自己的兄弟姐妹中学习相互梳理的艺术。这一现象同样出现在家养环境中，不同之处在于，小猫通常在两个月大左右就会离开母亲，开始在新家中生活。有的小猫单独被领养，有的与同胞一起，还有的小猫会加入已有一只或多只宠物猫的家庭。有时，一同被领养到新家的两只同胞小猫会保持幼年时期的纽带关系，像与母亲在一起那样蜷缩着睡在一起或是相互梳理。家中的"原住民"猫可能会接纳新来的成员，共享休息场所并相互梳理。这是猫的经典画面：

它们平静地躺在一起，享受相互梳理的美好时光。被梳理的一方有时会放松到甚至打起瞌睡来。

这是多么温馨的画面啊，可

115

惜我的两只猫布西和小黑从未这样过，实际上很多主人的猫都不会如此。

很多一起生活的猫们，都有群体关系紧张的时候，新来的猫也无法与"原住民"和谐共处，尤其是在需要争夺资源的情境下，它们甚至会发生冲突。不过有些猫（如小黑）仍会尝试为关系一般的猫理毛。对于人类观察者来说，这可能看起来像是梳理者向被梳理者伸出橄榄枝，因此当"忘恩负义"的接受者（在我的场景中是布西）拒绝时，就让人难以理解。

针对猫之间相互梳理的具体研究较少，但有一项对大空间室内 [135] 绝育猫群的研究揭示了这些互动背后可能有更多不为人知的内容。令人惊讶的是，相互梳理表面上是和平性质的，但竟有 35% 的相互梳理中包含了攻击性行为。而且，主要是发起梳理行为的猫在梳理后表现出攻击性行为。该研究得出结论，相互梳理作为缓解猫之间紧张关系的一种方式，并不总是成功的，但可以避免明显的攻击行为。在我们家的情况中，如果发起梳理的猫（小黑）过去曾对被梳理的猫（布西）表现出此类攻击性，这也许能解释布西面对其他更自信的猫室友的舔舐，表现出的本能性的"拍打并退避"反应。布西记住了以往的结果并以此预判小黑的下一步动作，她可能觉得跳过相互梳理、迅速以一记右勾拳结束遭遇战更为安全。

相互梳理与攻击性的关联在其他动物中也有体现。例如，某些鸟类种群中的相互梳理可能是一种抑制攻击性冲动的方法。[136] 对大多数灵长类动物来说，相互梳理似乎是一种

彼此联结、创建社交纽带的行为，对双方都有益处。然而，对小型夜行灵长类动物加内特丛猴（Garnett's bushbaby）的一项研究表明，相互梳理与其说是友好行为，不如说是与攻击性行为相关。[137] 至少在某些物种中，相互梳理的功能可能因情境而异。这可能适用于猫——在已经相处融洽的猫之间发展，以维持友好的纽带（如麦克唐纳和阿普斯的猫群），在母猫－幼猫情境中作为一种功能性的抚育行为，以及在封闭或关系一般的成年猫（如小黑和布西）之间被尝试用来缓和攻击性。

相互蹭擦

除了相互梳理外，生活在社交环境中的猫和许多其他群居哺乳动物还使用另一种身体接触形式来彼此交流，那就是相互蹭擦（Allorubbing）。这是一种特殊的社会性触碰，其中一方用自己身体的一部分或多个部分蹭擦另一方。科学家们发现，在某些情况下很难判断其目的究竟是体验触感本身，还是通过皮肤腺体进行某种气味传递。海豚的鳍状肢蹭擦行为已被深入研究。一只海豚会游近另一只，并轻轻用其鳍状肢蹭擦对方。这种行为既由母海豚对其幼崽展示，也发生在成年海豚之间，被认为是联结性行为，对科学家来说，这个行为是量化社会关系的有效指标。[138] 至少对海豚而言，其蹭擦互动发生在水下环境，感受的产生纯粹来自触感，不包含任何气味成分。亚洲象在友好互动时会将象鼻弯成 U 形触碰彼此。[139] 与黑猩猩亲缘关系密切的倭黑猩猩则有更独特的蹭擦方式，它们会背对背靠近，用臀部相互蹭擦。同样，猫也会表现出一种相互蹭擦行为，它们会用头部、身体侧面（侧腹），有时还有尾巴蹭擦其他猫和物体，如果社会化良好，还会蹭人。

蹭擦行为在小猫约 4 周大时开始发展，此时它们尝试离开与母亲及同胞兄弟姐妹共同居住的温暖猫窝，外出探索。当小猫或母猫回到猫窝时，小猫会以蹭头的方式表示问候，它们抬头试图够到母猫的头部进行蹭擦。成年猫也会以类似的方式蹭擦其他猫、人以及物体。

尽管麦克唐纳和阿普斯发现在他们的农场猫群中相互梳理是一种重要行为，但他们发现就维持群体社会动态而言，相互蹭擦更为重要。考虑到这一点，我在开始观察医院和农场的猫时对此格外留意。很快我就观察到了一些东西。

我记得第一次看到农场的两只猫互相蹭擦的情景是佩妮从正面迎向小灰，她的尾巴高高翘起，发出邀请。小灰也竖起了尾巴，当她们接近彼此时，都微微歪了一下头，将侧脸相互蹭擦。

随后，她们继续朝相反方向走过彼此，但保持身体接触，使身体两侧也相互蹭擦。当身体可蹭擦的部分即将分开时，她们的尾巴温柔地缠绕在一起，尽可能延长触感时刻。她们仿佛不满足于此，于是转身反方向重复了整个过程。那一刻，我感觉自己好像无意间闯入了两只猫之间一个特别亲密的瞬间。

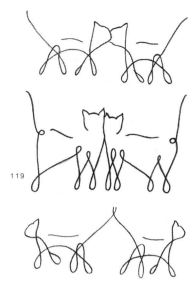

不确定这种蹭擦方式是否始终如此，我将记录下的佩妮和小灰的"蹭擦狂欢"分为三段："蹭头"（互蹭脸部侧面，但偶尔一只猫会用额头蹭另一只）；"蹭侧腹"（互蹭身体侧面）；"蹭尾"（将尾巴缠绕在对方尾巴上）。事实证明，这样做很有用——随着时间推移，猫让我了解到蹭擦行为非常具有创造性。

有时猫会稍微变着花样互蹭，它们尾巴高举，以约90度角相对，面朝同一方向，呈V形走向对方，直至头部相遇并蹭擦脸部。随后它们会肩并肩行走，倚靠彼此，尾巴交织在一起。

还有些时候，蹭擦行为明显是一方主导——一只猫会主动上前简单地蹭另一只猫的头，后者会接受蹭擦，但不予以回应。发起蹭擦的猫通常会坚持下去，继续蹭擦对方的身体，但依然得不到任何回应。

我发现尾巴抬起的交流是这些蹭擦互动中至关重要的组成部分。发起蹭擦的猫总会竖起尾巴接近，但接收方猫的尾巴反应决定了后续的行为。如果接收方也抬起尾巴，两只猫通常会同时蹭擦对方。如果接收方没有抬尾巴回应，而发起方仍决定靠近蹭擦，那么接收方要么无视，要么在初次蹭擦后才予以回应。

在麦克唐纳和阿普斯的农场猫群中，与相互梳理不同，猫之间蹭擦的对象存在明显差别。小猫更常蹭擦成年猫，成年母猫更常主动蹭擦成年公猫，还有一些母猫与同性猫的蹭擦次数多于对方蹭自己的次数。特别是，小猫蹭擦不同母猫的频率存在很大差异。它们的选择并非基于哪只是它们的母亲，而是根据哪只母猫更频繁地给它们喂奶。关系大概是这样的：一只母猫每喂三次奶，就能从小猫那里得到一次蹭擦。至于这种关系是如何发展的，目前尚不清楚——是母猫因为蹭擦增多而增加喂奶次数，还是小猫为了回报奶汁而增加蹭擦的呢？

我在医院和农场的猫群中也发现，不同猫的蹭擦模式并不相同，有些猫更常发起蹭擦，有些猫则更常被蹭。这里的猫群都是绝育的，因此没有关于小猫与母亲的观察，难以直接与麦克唐纳和阿普斯的研究结果进行比较，但成年猫有着不同的蹭擦偏好。

与麦克唐纳和阿普斯的猫群相似，我的猫群中蹭擦行为主要发生在体形或地位不平等的猫之间，即较小或较弱的猫蹭擦较大或较强壮的猫（见 108 页图示）。这与第 4 章中的"竖起尾巴"非常相似，毕竟这两种行为是有紧密关联的。例如，在医院 5 只猫组成的小组中，弗兰克是我观察期间出现时间最少的。然而，小组成员进行的所有头部蹭擦行为中，一半都是对他进行的。相反，大部分时间都在场的内尔很少从其他猫那里获得蹭擦。弗兰克是一只体形庞大、气势逼人的猫，他"巡逻"的医院区域远超过我观察的那个小庭院。仅凭他的举止，就可以看出他的地位高于体形娇小的母猫内尔。贝蒂毫不掩饰她蹭擦弗兰克的偏好——或者在弗兰克不在时，选择蹭擦塔比莎。

在对医院环境中的猫和农场猫进行观察分析时，我有了一个有趣的发现：当两只猫紧挨着坐在一起并偶尔相互梳理时，它们在该行为前后不太可能直接进行身体蹭擦。这表明，对于群居猫而言，相互梳理与身体蹭擦可能是两种不同的社交联结行为。相互梳理或许是一种通过缓解紧张情绪来维持猫之间近距离接触的方式；身体蹭擦则可能更多地出现在问候场景中，比如当猫长时间未见，如野猫群落中的成员重逢时，以此重新建立社交联系，即一种欢迎它们回归群体的方式。因此，那些常在群体核心区域活动的猫，通常是母猫，可能无须频繁地相互蹭擦。对于那些较少与主体群组相处的群体成员，如体形较大的公猫，则会获得更多的蹭擦互动。

在家庭环境中，当有多只猫与人类共处一室时，它们互相之间和它们对人类进行身体蹭擦的行为模式与野外群体中的

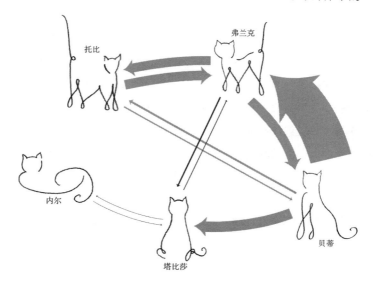

情形是有很大差别的。很多日常观察表明，比起与其他猫互动，家猫更喜欢蹭主人。我在针对室内猫进行的蹭擦行为实验研究中发现，当有多只猫和多个它们熟悉的人在一块时，这些猫会选择蹭擦人以及周边物体，而不会相互蹭擦。

　　研究者金伯利·巴里（Kimberly Barry）、莎朗·克罗威尔－戴维斯（Sharon Crowell-Davis）访问了 60 户拥有两只室内圈养且已绝育的猫的人家，并对这些猫的互动进行了研究。在为期 10 小时的观察期内，无论是公－公、公－母配对还是 20 对全为母猫的组合，它们之间都很少发生身体蹭擦，甚至某些全为母猫的组合完全没有此类行为。研究者推测，这可能是因为这些家养猫作为固定社群成员，彼此间始终保持较近的距离（由于始终生活在室内），所以与那些在户外群体核心地带时聚时散的流浪猫不同。[140] 那些能够在户外活动或自由进出家门的宠物猫，在返回家中时可能更有必要通过问候和蹭擦来重新确立社交联系。

　　科学家对猫蹭擦行为的意义进行了广泛探讨，普遍认为依据情境差异，蹭擦行为可能展现出多种类型的作用。在某些情况下，猫的蹭擦是为了在物体表面留下气味印记，以便其他猫在后续时间能循迹而至。在其他情境下，蹭擦则是一种更为直白的社交互动方式，表现为两只猫之间直接的触觉交流，或是当一只猫在某物上蹭擦时，另一只猫旁观，此时蹭擦行为便充当了一种视觉信号，供同伴解读。

　　正如第 2 章所述，猫的皮肤中分布着大量的气味腺体，尤其集中于体表特定部位，如下巴、脸颊两侧、尾巴根部以及爪垫间。无论是大型如雪豹（*Panthera uncia*），还是小型如渔猫（*Prionailurus viverrinus*），猫科动物多有用面部侧边蹭擦所处环境中树木、岩石等突出物的行为倾向。对家猫而言，其"气味标记点"可能为户外的一根树枝、围栏立柱，室内的柜边、门框或箱子边缘。通常，猫会在蹭擦前先嗅探一番，无论是野生猫科动物还是家猫，这种有意识的蹭擦行为都是为了留下自身的气味。在家猫的社交场景中，爆发冲突后，它们也会蹭附近的物体。在这种情况下，蹭擦似乎更像是一种仪式化的视觉展示，当然也顺便留下了自身气味。

有人推测，猫互相之间的蹭擦是为了传递气味。但相比于猫蹭擦无生命物体，两猫间的蹭擦过程要复杂得多。首先，两只猫意味着有两个独立的气味源。如果气味标记是这种蹭擦的唯一目的，那猫就会在另外一只猫身上留下自己的气味，那哪只是留气味的，哪只是接收气味的？难道它们在混合气味吗？在对獾的气味标记进行研究后，有人提出后者可能是獾的习性。[141] 在猫身上，这些问题的答案仍然难以捉摸。实际上，与接近物体时不同，猫在相互蹭擦前很少停下来嗅对方的头部或其他部位。当猫相互蹭擦时，首先是头部，然后是侧腹和尾巴，除了基于气味的交互之外，还伴随着触觉的交互。这就提出了一个可能性：它们愿意相互蹭擦也许仅仅是因为触摸的感觉很好。

¹²⁴ 触摸的魔力

多年以来，科学家在揭示触觉秘密的过程中，对哺乳动物皮肤的研究渐趋深入。皮肤的重要性常被严重低估，实际上，它作为哺乳动物身上最大的器官，发挥着举足轻重的作用。皮肤内分布着各种各样的感觉神经受体，不同的受体负责对不同感觉做出反应。其中包括温度感受器（感知温度）、瘙痒感受器（感知痒感）、痛觉感受器（对疼痛刺激做出反应），以及至少七种低阈值机械感受器，它们对触摸做出反应，向大脑提供关于形状、质地、压力及其他触觉特征的信息。传递这些信息的每一个神经元都包裹着一层髓磷脂鞘（myelin sheath），这是一种绝缘结构，使信息能够快速传递到大脑的感觉皮层，这对于及时应对潜在危险刺激至关重要。

猫对触摸尤其敏感，胡须更是为猫提供了额外的触觉联结。大部分养猫人士在家中某个时段、某个角落，会偶遇一根自家猫脱落的、长而粗壮、尖端纤细的胡须。这根胡须很可能源自猫上唇两侧向外凸出的成簇胡须丛。这是猫身上最大且最为人所知的一组触须，除了唇胡须外，猫的眼睛上方也有一簇，脸颊两侧各有两小簇，前腿背部也有簇状触须分布。

胡须是猫获取触觉信息的重要途径，能够帮助它们高效地导航和捕猎。尽管胡须本身并不具备感觉功能，但其根部深深嵌入皮肤内部，周围环绕着大量的感觉接收器。当胡须触及物体或随风微动时，这些接收器会将胡须的位置与动态信息即时传递至大脑。科学界认为，这些接收器对于气流尤为敏感，所以在光线昏暗的环境中尤其有用。

胡须根部周围附着有发达的肌肉组织，赋予胡须惊人的活动性。这一点在唇胡须上尤为明显，成簇的胡须可以整体移动，左右两组又能独立于彼此运动。这种运动很实用，例如在

捕猎过程中，当猫逐渐接近猎物时，其天然的远视状态会导致眼睛难以精准聚焦，于是唇胡须会向前扫掠，为猫提供关于猎物位置的触觉反馈。猫也可能在面对其他感兴趣的事物（如人伸出供其嗅探的手）时，做出相同的向前扫动胡须的动作。为猫开发的 CatFACS 将这种向前运动描述为"胡须角量"。[142] 它还识别了一种被称为"收起胡须"的动作，即胡须平贴在脸上，以及一种被称为"胡须抬起"的动作，即胡须向上指。就算我们仔细观察猫的脸部，这些运动的详细动态对于人类来说也很难通过视觉跟踪。但我们知道，通常猫在放松时会将胡须保持在侧面的中间位置，而压力大的猫会将胡须向后，使其更加平贴。就像耳朵一样，读懂身体语言对评估猫的情绪状态其实非常有用。

1939 年，神经生理学家英维·佐特曼（Yngve Zotterman）在研究皮肤受体时，发现在众多快速放电的髓磷脂鞘包裹的神经纤维中隐藏着一种不同类型的受体，后来它被赋予一个拗口的名字——C 纤维低阈值机械感受器。他发现，此类受体与众不同之处在于缺乏髓磷脂鞘包裹，导致其响应传递速度显著减缓。有趣的是，佐特曼在发现这一现象时，恰好是在对猫毛茸茸的皮毛进行研究。[143] 直至半个世纪之后，随着神经学新技术的应用，人们才在人类皮肤的毛发区域内找到了相应的构造。这些在人体内发现的类似受体被简化命名为"C 触觉传入纤维"。

自此以后，科研人员对 C 触觉传入纤维的本质及其在社会性触摸中的角色进行了深入探究。这些纤维对缓慢、轻柔的皮肤抚摸刺激尤为敏感，例如母亲抚慰婴儿、朋友间相互安慰或人们爱抚宠物时的感觉。研究揭示，以较低的压力、接近体温的温度以及特定的抚摸速度（1~10 厘米 / 秒）进行接触，能够最大限度地激发这些 C 触觉传入纤维的反应。[144] 人们在抚摸伴侣、婴儿或宠物时，似乎出于本能地采用了这些最能引发积极反应的抚摸方式。

其实社会性触摸对许多动物都具有镇静和增进感情的效果——但它究竟是如何起作用的呢？与髓磷脂鞘包裹的受体使大脑能够辨别不同类型的触摸感觉并相应地做出反应不同，成像研究显示，C 触觉传入纤维刺激的是大脑的一个不同区域，即岛叶，这是一个与产生愉悦感特别相关的结构。[145] 抚摸研究显示，C 触觉传入纤维发射信号的频率与人们对触觉愉悦程度的评价呈正相关。换句话说，温柔的抚摸会让接受者感觉很好。目前在所有已研究的哺乳动物身上都发现了 C 触觉传入纤维。难怪这么多动物喜欢被梳理、蹭擦或抚摸。

接下来研究开始聚焦于这种愉悦感如何产生作用——为何人类与动物之间的温和舔舐、抚摸、蹭擦以及刷拭皮肤能如此有效地成为快乐源泉？实际上是生化原理在当中起作用。动物间的社交梳理与蹭擦行为，以及人类的温柔抚摸，均与一系列调控情绪的神经化学物质的释放密切相关。其中最受瞩目的当数催产素，也是被誉为"爱情激素"的物质。它对于母婴间纽带的建立至关重要，此外也影响着动物的社交情况。尽管催产素一度被认为仅具有积极效应，即增强对社交伙伴的信任，强化友善关系，但针对人类的研究显示，催产素的作用应

113

该具体问题具体分析，其效果是可变的。它能提升个体对社会信息的敏感度，使个体能对认可的盟友做出积极回应，但当互动伙伴的可靠性存疑时，也会触发更为防御性的反应。[146] 在非人类动物中也印证了这一点，催产素会导致社会选择效应，减少动物对不熟悉个体的社交倾向。[147] 对群居猫而言，当它们遇到熟悉的面孔时，一次蹭擦就能提升两只猫体内的催产素水平，强化它们的社交联系，同时促使它们对陌生猫保持警觉。

除了催产素水平的升高，对一些物种的研究还表明，社交触摸可以降低应激激素皮质醇的水平，以及心率和血压。激素中的内啡肽也与社交触摸的"愉悦"体验密切相关。例如，在运动或按摩皮肤时释放的内啡肽会产生轻微的类似天然鸦片类药物的效果，带来幸福感和平静感。

虽然人们尚未直接研究猫在触觉互动中这些生理效应的情况，但对猫来说很可能经历了类似的过程。总之，相互梳理和身体蹭擦带来的触觉体验是猫发展出的社会行为库中的重要组成部分，有助于缓解紧张情绪，增强伙伴之间的联系。

对人的蹭擦

许多养猫人士都认为，猫对人的蹭擦行为是最惹人喜爱的行为之一。猫对人的蹭擦也有很多变化，往往从猫走向人时竖起尾巴开始。

在表明自己没有敌意之后，猫可能会用头、侧腹，有时还会用尾巴沿着人的腿蹭擦，把尾巴绕在人的腿上。

根据人的站立姿势，猫可能会在他们的双腿间来回穿梭，呈"8"字形，看起来非常黏人可爱。

猫还会尝试一种更具挑战性的蹭擦行为，我家将之戏称为"跳跃蹭擦"——抬起前肢，做出跳跃的姿态，力图将头部蹭擦至人的大腿乃至更高的位置。或许这是它们试图接近最心仪的蹭擦目标——人的脑袋。

与人互动时，猫会将头部蹭擦扩展至周围的固定物体，如橱柜边缘、纸箱或其他无生命事物。这一举动与猫和猫之间相互蹭擦时的行为类似，不过在猫与人之间的互动中，这种行为似乎表现得更为突出。

我决定展开调查，深入了解猫在人类身边蹭擦的行为。在我开始这项研究之初，关于猫对人类进行蹭擦的研究相对有限。在一项关于人类行为对猫影响的调查中，克劳迪娅·梅尔滕斯（Claudia Mertens）和丹尼斯·特纳设计了一项实验，观察猫与陌生人在预设情境中相遇的反应。实验的前 5 分钟，人安静地坐着看书，对猫不予理睬；后 5 分钟，人会自由地与猫互动。研究者发现，总体来看，猫在互动阶段对人蹭头的次数明显较多。[148] 因此，至少对猫来说，蹭头是猫与人之间社会互动的重要组成部分。

为了进一步探索，我进行了一项与克劳迪娅·梅尔滕斯相似但略有不同的研究。与梅尔滕斯的实验不同，我测试中的

人和猫是相互熟悉的,而且我在房间里还放了一个木箱,猫如果愿意的话可以在上面蹭擦。除了观察猫在受到关注时如何改变在人身上蹭擦的频率外,我还想调查这对它们在附近物体上蹭擦的影响。在每次有影像记录的测试中,会有一只猫被引入有人和箱子的房间。然后,这个人要么忽视猫,要么以统一的方式(每分钟抚摸20秒并自由交谈)与猫互动5分钟。

影像分析结果非常有趣。猫在物体上蹭擦的次数从平均9次(当人忽视它们时)显著增加到23.8次(当人与它们互动时)。猫也会在人身上蹭擦,但比在箱子上蹭擦的次数少。当人不与它们互动时,它们平均在人身上蹭擦5.3次。当人与它们互动时,对人的蹭擦仅增加到平均6.9次,变化其实并不大。因此,人与它们的互动会大大增加它们蹭箱子的次数,而蹭人的次数仅增加一点。[149] 梅尔滕斯的研究没有记录猫在物体上的蹭擦,因此很难直接比较这两项研究。可能当人给予猫关注时,猫会更多地蹭擦,如果有更多的选择,它们会将蹭擦行为转向不同的目标。

为什么和人互动时,猫这么愿意在物体上蹭擦呢?虽然我们还不知道确切的答案,但我们可以从猫的角度来考虑这种互动。在人的腿上蹭擦与在大小、高度和形状都与自己相似的同类身上蹭擦截然不同。猫蹭人腿时，因为高度远远低于人类身高，它们无法看到接受者的脸或反应。从逻辑上讲，稍微移开一点，蹭擦附近的东西，就可以同时观察人的面部表情和肢体语言，这样它们就能清楚自己是否被注意到，然后进行眼神交流，或者喵喵叫着示意它们想要的东西。所以这是一种视觉展示，旨在确认它们是否被人类关注，以便继续互动。这种转向物体的蹭擦是猫的一种微妙而聪明的适应行为，我们几乎注意不到。然而，我见过的每一只好脾气的家猫都会将其作为蹭擦互动的一部分。

这些行为细微的差别在布鲁斯·摩尔（Bruce Moore）和苏珊·斯塔德（Susan Stuttard）题为《绊倒猫》（*Tripping over the Cat*）的论文中得到了揭示。作者重新审视了科学家埃德温·格思里（Edwin Guthrie）和乔治·霍顿（George Horton）在 1946 年进行的一些经典且备受赞誉的实验，这些实验声称展示了猫的各种学习类型。猫被放在一个逃生盒子里，逃出的方法是操纵一根垂直杆。猫很擅长触动杆子，所以它们反复表现出一种刻板的行为模式——据格思里和霍顿称，它们似乎"学会了"如何移动杆子并逃脱。[150] 然而，格思里和霍顿未能意识到，每次他们把猫放进盒子时，旁边都有人坐在那里，毫不掩饰地观察实验。结果是猫依据自然本能向观察者表示问候蹭擦，由于无法直接蹭到观察者，它们就将蹭擦转移到最近的物体——逃生杆上。嘿，瞧，它们成了逃生高手！为了证明这就是真正的解释，摩尔和斯塔德复现了格思里和霍顿的实验，但分别记录了人类观察者在场和不在场时猫的反应。结果，当人不在场时，猫并没有去触碰杆子。因此，格思里的猫并没有表现出任何学习行为——它们只是在表演与人交往过程中猫的自然行为。[151]

主人可能没有意识到，在蹭擦行为中还有一些微妙的差别。例如，可以外出的猫比仅在室内的猫更喜欢在人身上蹭擦。[152] 这可能反映了它们的需求，就像猫群一样，在与它们熟悉的动物或人（在这种情况下是它们的主人）团聚时通过蹭擦加强社交纽带。当主人离开家后，猫会在他们回来时在他们身上蹭擦，但有趣的是，蹭擦的程度并不会随着分离时间的延长而增加。[153] 这表明猫对主人的蹭擦问候可能包含一种仪式化元素，而不是与猫想念主人的程度成比例。这与狗形成了鲜明对比。研究显示，主人离开较长时间后，狗会表现出更多的问候行为（摇尾巴并与主人互动）。[154]

除了蹭擦同类或人类以外，还存在许多猫与狗甚至猫与马之间进行蹭擦互动的实例。以我们的猫布西为例，尽管她与姐姐小黑关系紧张，但与我们的金毛猎犬阿尔菲之间却建立了格外深厚的关系。每当短暂分离后在家重聚时，布西总会热情地在阿尔菲身上蹭擦，表达亲近之意。与此相反，小黑对待阿尔菲的态度则是保持一定的距离，要么给他留出宽敞的空间，要么迅速地用爪子轻拍他的鼻子，她从未蹭擦阿尔菲，显然也不视他为自己的社交圈成员。

人们常常认为猫在主人身上蹭擦是为了获得资源。有人认为它们只是在找食物，而且它们确实会在晚餐时间以高频率蹭擦曾喂食它们的人。[155] 这可能是对幼猫时期的回溯，就像在麦克唐纳和阿普斯的农场上发生的那样，蹭擦往往会让幼猫获得更多的乳汁。

不过很多猫在不饿的时候也会在主人周围蹭擦，尤其是在主人或猫回到家中时，这是在表达问候。在一项旨在评估猫对其主人依恋程度的测试中，克劳迪娅·爱德华兹（Claudia Edwards）和同事们记录了猫独处、与主人在一起以及与陌生人在一起时出现头部蹭擦的次数。他们发现，与独处时相比，猫与陌生人在一起时，头部蹭擦（包括对人和对物体的蹭擦）的次数显著增加。与陌生人在一起时，猫也比与主人在一起时蹭擦得更多。[156]

抚摸猫

当猫在我们腿边蹭来蹭去时，人们通常会俯下身去，温柔地抚摸或摩挲它们。这种行为大概是我们能给予猫的最接近"互蹭"体验的回应了，有时候，这恰恰就是它们所期待的。然而，这样的"蹭腿"与"摩挲"互动往往呈现不对等：毕竟，要让我们以与猫蹭腿相当的频率弯腰去摩挲它们，多少显得有些别扭。相比之下，当猫跳上我们的膝头安坐时，这种平衡局面可能发生逆转：此时，我们能更轻松地为猫提供抚摸，而猫再想主动蹭蹭我们，却变得不那么容易。这也就不难理解，为何猫在选择蜷缩于我们膝头时，往往需要建立一定信任感——毕竟，这么做意味着它们不得不暂时放弃对触觉互动的掌控权，而这正是许多猫所抗拒的。

在探讨人与动物相处之道时，有一个词令我情有独钟，那就是"抚慰"。这个词所指的，是一种融合了抚摸、轻拍以

及静默地将手搭在动物身上的举动（这中间或许伴以低声细语）。这一技巧历经岁月沉淀，早已成为增进人类与众多动物（涵盖农场动物、实验动物乃至宠物伴侣）之间亲密关系的常用手法。在研究人类与宠物交流过程中言语与触摸的搭配效应时，学者发现，主人归家时的嗓音能令狗狗体内会带来愉悦感的催产素激增。饶有趣味的是，倘若主人在言语交流的同时辅以抚摸，这种愉悦感将更为持久——由此可见，触觉接触的重要性不言而喻。[157] 看着狗狗乐此不疲地翻身求抚摸，尤其是它们柔软的肚皮，我们能直观地感受到它们正陶醉在这份关爱之中。

对于猫而言，交谈与抚摸相结合的效果确实会因具体情况而有所不同。纳丁·古尔科夫（Nadine Gourkow）及其团队开展了一项研究，旨在考察对身处收容所、情绪高度紧张的猫施以抚慰（包含抚摸与温和发声）对其生理的影响。结果显示，接受抚慰的猫体内分泌型免疫球蛋白 A 的数量有所增加，增强了猫对上呼吸道感染的抵抗能力。随着时间的推移，未经抚慰的猫群体患此类感染的概率，比经过抚慰的猫群体高出两倍以上。[158] 然而，另一组研究者在探究收容所猫最适宜的抚摸与对话搭配时发现，至少对部分猫来说，仅进行抚摸而不加入语言交流更为奏效。[159] 这种情况可能是该研究特有的现象，或是因为这些猫对与其交谈的人尚不够熟悉，或是猫觉得这些人声音不够悦耳、不够安抚，又或是猫单纯觉得这些人表现得过于强势。

在家庭环境中，宠物猫常以在主人身上蹭擦的方式来寻求触觉交流，这表明对它们而言，被抚摸不仅是与主人间口头互动之外的一种重要沟通方式，更是二者对话的重要组成部分。就如同猫与主人间会发展出独特的"喵言喵语"般，许多猫也有属于它们与主人之间的一套蹭擦与抚摸互动的仪式化行为。主人常常会讲述自家猫如何在自己腿上或身旁物体上蹭擦，并抬头望向自己，甚至跃上膝盖等，仿佛在"邀请"主人开启这场互动。更有甚者，有的猫还会引领主人来到家中特定的区域开始这种蹭擦与抚摸的互动，仿佛这些地方与这种活动有着某种内在的关联。[160]

猫的身体上存在它们渴望被人类抚摸的特定区域。莎拉·埃利斯与其团队[161]对此进行了更为细致的研究。他们选取了猫主人所列举的 8 处他们惯常抚摸猫的身体部位，并观察记录了猫在这些部位被抚摸时的反应，包括负面（如攻击性或逃避性）及正面（如友好）行为。结果表明，相较于抚摸猫的脸颊、下巴（口周区域）及眼睛与耳朵之间（颞区），抚摸尾巴区域更容易引发猫的负面反应。换言之，抚摸猫时，最好专注于头部区域，尽量避免触碰尾巴。腹部堪称抚摸时的一个谜团——不少猫主人提到，当猫被抚摸时，它们会兴奋地在地上翻滚，看似在邀请人去抚摸其柔软的腹部，然而一旦尝试触碰，猫却会猛然抓住那只"冒犯"的手。

有些猫会巧妙地引导抚摸它们的人，来到它们身体上特别渴望被抚摸的特定区域，通过头部或身体的微妙调整来确保最佳的抚摸体验。有趣的是，猫引导人抚摸的位置，往往正是同类之间常用于头部蹭擦或相互梳理的部位。这种现象并非猫专属，许多其他动物也有类似的偏好，喜欢人类触摸它们同类之间通常会相互梳理或蹭擦的身体部位。例如，奶牛就非常喜欢被人类沿着肩峰（两块肩胛骨间的脊椎）按摩，而这恰好也是奶牛之间相互轻咬和梳理的部位。[162]

至于猫为何热衷于被我们抚摸，一种观点认为，它们选择被抚摸的头部区域富含气味腺体，可能猫是借此鼓励我们用手去抚摸，从而尽可能多地将它们的气味附着于我们身上。然而，尽管尾巴上也有气味腺体，大多数猫却明显不愿我们接近它们的尾巴。此外，就像与其他猫互相蹭擦一样，当我们的手在它们脸上抚摸时，究竟是谁的气味覆盖了谁呢？或许，这种行为的目的在于混合彼此的气味。然而，若仅仅是为了标记气味，猫其实只需在经过我们时蹭蹭我们的腿即可，无须等待我们给予同等的抚摸回应。当我们对它们最初的亲近行为予以回应时，猫往往会持续地来回蹭擦，这显示出它们期望这种社交互动是互惠的，且它们显然十分享受这个过程。

那么，对于我们人类而言，抚摸猫有什么益处呢？一项研究针对人类情侣间的抚摸行为进行分析，结果显示，被抚摸一方感受到的愉悦与强烈程度往往超过主动抚摸的一方。[163]尽管如此，进行抚摸的人同样能体验到愉快的感受。这一点在人类抚摸猫时也同样适用。在研究女性与她们的猫互动的过程中，研究人员发现某些特定互动行为会使女性唾液中催产素水平升高，而其他行为则未能引发类似反应。具体来说，轻柔抚摸、怀抱猫、亲吻猫以及猫主动发起接触等行为，都与女性体内催产素水平升高相关联。相比之下，猫发出的呼噜声，或是女性以温柔的"婴儿语"与猫交谈，却并未产生同样效果。据此推断，触觉互动是引发女性愉悦感的关键因素。[164] 另一项研究进一步证实了相似效应，指出抚摸温暖的猫毛能够使女性心情愉快。这一现象体现在大脑中额下回区域的激活，该区域与情感处理和社会沟通紧密相关。[165] 这两项研究特别关注了女性与猫互动的母性特质方面。第 8 章将对女性与猫的互动方式进行更深入的探讨。

尽管多数猫与人的蹭擦互动始于猫绕着主人腿部轻蹭，但有时候，猫也会选择直接跳上主人膝盖，以此"邀请"主人对其进行抚摸。此刻，猫儿仿佛沉浸于被爱抚的享受中，或许还会发出惬意的呼噜声，全身松弛，慵懒地眯着眼睛。然而，有时猫儿的身体语言会悄然发生变化——它不再如开始般放松，肌肉紧绷，耳朵微微向后倾斜，尾巴开始摆动。主人沉浸在对猫儿的爱抚之中，一时被虚假的安全感蒙蔽，可能还被电视节目、书籍或其他分散注意力的事物所吸引，直到猫儿突然猛烈抓挠或咬伤主人，傲然跳到地上，径直走向房间某个角落自行梳理，才恍然惊醒，坐在原地一脸蒙地思索：咋的了突然？

"抚摸与咬伤综合征"在猫中出人意料地普遍，对于那些易出现此类反应的个体，识别警示信号至关重要。许多猫即使经过适当的社会化熏陶，依然对被抚摸抱有抵触。在一项针对巴西猫主人的调查中，研究者询问了猫在家中表现出的社交行为。受访主人表示，高达 87% 的猫明显喜欢被抚摸。然而，当被问及自家猫是否存在攻击性行为时，有 21% 的主人报告称，当抚摸猫或将其放在膝盖上时，猫会表现出攻击性。[166]
实际上，这种情况是猫出现攻击行为最常见的背景之一。这当中似乎存在某种不协调之处——为何一些原本乐于被抚摸的猫会突然变得厌烦并激烈反抗？若将人类抚摸猫比作同类间的梳理，那么问题可能出在抚摸者的操作上，可能触及了通常不会被同类梳理的部位，如尾巴区域。

还有一种得到人类抚摸研究支持的可能性是抚摸时间过长，猫丧失了原有的愉悦感。研究表明，将抚摸感觉传递至大脑的 C 触觉传入纤维在重复刺激下会疲劳，导致其放电速率降低。[167] 在人类身上，这与愉快感的逐步消退及对继续抚摸意愿的减弱相吻合。假设猫体内也存在类似机制，这种"抚摸饱和"现象或许能解释某些猫行为的转变，即它们从渴望被抚摸、享受抚摸转变为逃避抚摸。

互相蹭擦与人类的抚摸行为，无疑是猫与人之间和谐互动行为的典范。双方都已调整各自的社会触觉行为，以实现跨物种的互利交流，尽管在这当中，猫无疑付出了更多的适应努力。现如今无论是否为养猫人士，大多数人都十分喜爱猫的蹭擦行为。一项饶有趣味的研究关注了收容中心猫的面部表情及其他行为信号，以及人们对这些信号的反应。研究发现，蹭擦行为是唯一影响猫被领养速度的因素，也就是说频繁进行蹭擦的猫更易被领养。[168]

那么，猫对人的蹭擦仅仅是一种友好的表现，还是蕴含着更深层的意图呢？随便询问任何一个猫主人，他们大多会毫不犹豫地回答前者。正如英国著名兽医詹姆斯·赫里奥特（James Herriot）曾深情表述的那样："我曾感受过猫儿用

139

它们的脸颊蹭擦我的面庞，用小心翼翼藏匿的爪子轻轻触碰我的脸颊。于我而言，这些无疑都是爱的流露。"[169]

我坚信，他的见解是正确的。

06 观察对方的眼睛

> 动物的眼睛蕴含着无言的力量。
> ——马丁·布伯（Martin Buber）①

此刻提笔之际，我偶尔回顾庭院，只见我家那只名叫布西的猫正独自玩耍。她着实惹人分心。正值金秋十月，秋风萧瑟，落叶漫天飞舞。此情此景，对布西而言，恰似步入极乐世界。每有叶片随风轻摇而起，她的目光便迅疾追随，继而腾跃、扑击。如果说追逐移动之物是她最爱的消遣或许有些夸张，但追捕飘动之物无疑是她的心头好之一，这可以与晒太阳、自我清洁以及瞄准窗外鸟儿并列。

如布西这般备受宠爱的家猫，其生活与遥远的祖先相去甚远。然而，它们的感官与本能却大多保留如初。在所有感官

---

① 马丁·布伯（1878~1965），生于维也纳，犹太人，著名宗教哲学家。

中，视觉是幼猫最后成熟的一项，它
们的早期活动主要依赖嗅觉和触觉引
导。但这并不意味着视觉对猫来说不
重要，只是其重要性与人类世界相比
截然不同。猫和人都利用眼睛观察周
围发生的事物，但由于我们各自进

化历程不同，所关注的事物也并不完全相同。人类的视觉系统
主要用于适应白天，通过丰富的色彩感知世界，观察他人的行
为，并用眼神进行交流。猫的视觉系统则是为它们的野生祖先
最重要的目标——捕捉下一顿猎物——而进行的卓越设计。与
布西追逐的秋叶不同，猫自然猎捕的鼠类大多在黎明和黄昏时
段最为活跃，因此，猫作为典型的黄昏猎手，传统上会选择在
这两个时段狩猎。它们需要能在早晚近黑暗的环境中看清并捕
获快速移动的猎物。

　　尽管猫眼睛的基础结构与人类相似，但它们的眼睛还有
一些显著的适应性特征，这些特征在暗淡环境中增强了猫的视
力，最大限度地增加进入眼睛的光线量，以便眼睛在半暗环
境中辨明图像。它们的眼球后部多了一层额外结构，该结构
能将任何入射光线反射回视网膜，给位于那里的感光细胞第
二次接受光刺激的机会。这就是被称为"反光膜"（tapetum
lucidum）的结构，正是它赋予了猫眼睛那种"夜光"效果。

　　猫视网膜上的感光细胞与人类相同，都是两种类型，但
猫眼中的这两种细胞比例与人类有所不同。其中一种是锥状细
胞，它们在强光下活跃，负责感知颜色。人类有三种类型的锥
状细胞，分别对蓝、绿、红三色敏感。猫的锥状细胞数量较

少，且没有对红色敏感的类型，它们主要能看到蓝色和黄绿色。因此，相较于人类，猫眼中的世界在色彩方面要淡雅许多。另一种感光细胞被称为杆状细胞，它们只能传递黑白影像，但在弱光条件下工作良好，非常适合在近乎黑暗的环境中视物。我们的杆状细胞相对较少，导致太阳落山后我们的视力变得相当差，但猫拥有大量的杆状细胞。此外，猫的瞳孔可以比人类的瞳孔开得更大，在夜幕降临时，让更多的光线进入眼睛。

完全是黑暗环境的时候，猫也什么都看不见，但月光（或现代路灯）提供的光照足以让它们看清了。在强光下，它们的瞳孔会迅速缩小为狭长的垂直细缝，这是一种保护眼睛同时在日光条件下保持对潜在猎物聚焦能力的适应性变化。除了适应光线外，瞳孔的变化也可能出于其他原因。恐惧或兴奋的情绪冲击会导致猫瞪大眼睛、瞳孔放大，而平静状态下猫的瞳孔通常更窄，呈细缝状。

猫的视野也略大于人类，人类为 180 度，而猫约为 200 度。它们的周边视觉非常敏锐，虽然偏于忽略静止的物体，但对任何移动的物体都反应迅速，正如布西追逐那些落叶一样。优秀的动态视觉能帮助它们快速扫视追踪移动的物体（或老鼠）。

虽然猫的色彩感知稍弱，但这对它们的影响不大——在寻找猎物时，它们更关心明暗或形状，而非实际的颜色。因此，对于猫来说，带有黑白锯齿纹的玩具球比单一鲜红色的球更具追逐吸引力。许多主人疑惑为何自家猫不能迅速找到放在面前地上的零食，往往还需要闻一会。这是因为受眼部肌肉结构限制，猫很难聚焦于距离自己不足 10 英寸 [①] 的物体，一旦靠得太近，它们更倾向于使用胡须或嗅觉来定位物体。此外，它们的远视能力也不佳，超过 20 英尺 [②] 的物体在它们眼中会显得模糊不清。

猫的眼睛是为狩猎而生，它们天生就拥有敏锐感知周围发生的一切的技能。

睁眼看世界

> 小猫，你若眼眸常开，
> 哦，你会学到何等精彩！
>
> ——苏斯（Seuss）博士
> 《闭上眼睛也能读》（*I Can Read With My Eyes Shut!*）

与其他物种一样，观察学习的能力对猫至关重要，尤其是年幼的猫。出生在外的小猫必须从妈妈那里学习捕猎技巧，否则很可能无法存活至成年。母猫最初会带回死去的猎物供小猫食用，等小猫长大一些后，母猫就会带回活体猎物，并向小猫演示杀死猎物的过程。在小猫观察几次之后，母猫会让它们尝试亲自杀死猎物。

对小猫的学习行为怀有浓厚兴趣的研究者已证实，它们不仅能够从母猫那里习得诸多生存技能，还能从同类伙伴那里

---

① 约 25.4 厘米。——编者注
② 约 6.1 米。——编者注

借鉴，甚至能在与日常环境迥异的非常规情境下展现出这一能力。菲利斯·切斯勒（Phyllis Chesler）在关于小猫能否掌握按压杠杆动作的实验中揭示，若仅依赖自身探索，小猫往往难以成功。然而，一旦给予它们观察其他猫执行此动作的机会，小猫便会逐步效仿并学会这一技巧。尤其当示范者为小猫的妈妈时，它们学习得会更快。[170] 进一步研究还发现[171]，这种通过观察学习的能力并非幼猫专属，成年猫在面对新情境时，如有其他猫作为参照，学习进程同样会明显加快。

无论生活环境如何，猫似乎都能很好地运用其观察和学习的能力。对于群居猫来说，避免冲突的同时保障对食物和庇护所这些至关重要的资源的获取是首要任务。例如，在农场猫群中，看到另一只猫成功狩猎，猫就能得知下次狩猎的最佳地点。家养猫的观察学习重点可能与那些必须自己外出打猎的猫略有不同。它们会从人类身上学习，观察我们的行为，记住哪些活动会触发好的结果，比如当它们看到我们伸手去拿开罐器时，意味着马上就能吃到金枪鱼罐头。

现在你看得到……现在你看不到

如果有人拿起一件物品藏在身后，作为成年人，我们清楚地知道物品并未因被遮挡而消失，它依然存在于那个人的身体背后，我们完全有能力绕过去找到它。然而，对于婴儿而言，情况则大不相同，他们会认为一旦物品被隐藏起来，就意味着彻底消失了。这就是为何"躲猫猫"游戏对宝宝们如此具有吸引力——每当大人将脸用手遮住，然后再突然打开，这种瞬间的消失与重现对他们来说就像魔法一般神奇。瑞士著名心理学家让·皮亚杰（Jean Piaget）率先系统地研究了人类婴儿对物体恒常性（object permanence）[172]的理解过程。他提出的这一理论揭示了婴儿如何从最初无法理解物体在视线之外仍继续存在，逐渐发展到能够认知即使看不见也依然存在的事实。皮亚杰设计了一系列实验来检测婴儿的物体恒常性发展水平。其中一种经典的方法是"可见位移"测试：当婴儿注视时，研究者会拿走他们正在玩的一个玩具，然后将其藏在毯子或其他覆盖物之下。通过观察婴儿的反应，皮亚杰发现，在生命的前两年，特别是在 9~12 个月大的时候，婴儿开始逐渐领悟到，尽管玩具从眼前消失，但它并未真正消失，而是在毯子下面继续存在。他们开始能够在玩具不在视线内时，在心理上维持玩具存在的表征，并尝试在最后一次见到玩具的地方，即毯子下方寻找它。更复杂的实验还包括"不可见位移"测试。在这个实验中，研究者会在婴儿面前将玩具放入一个容器内，然后当着婴儿的面将容器移动到一块屏幕后面。接着，研究者悄悄地从容器中取出玩具并留在屏幕后面，最后展示给婴儿看现在已是空无一物的容器。此时，婴儿需要推理出玩具是在容器被移到屏幕后面时被取走的，因此应当在屏幕后面而非容器内寻找。

动物认知学家普遍认为，对物体恒常性的理解，对于众多动物物种而言，不仅是人类所独有的宝贵能力，更是一种关乎生存的优势。设想一下，一个刚刚从视线中消失的捕食者或猎物，此刻正潜伏于某块石头之后，这种认知的存在无疑是颠覆命运的关键信息：对于身为猎物的个体而言，它可能意味着生死之间的逃脱；对于扮演捕食者角色的个体，这也许就是锁定下一餐的决定性线索。

在皮亚杰开创性地研究人类婴儿物体恒常性的发展之后，科学家们受到启发，采用类似的方法对非人类动物进行了相似的感知测试，以探究不同物种对物体恒常性的理解能力。这些研究中，猫作为被试对象之一，表现出对物体恒常性的感知能力。实验结果显示，猫成功通过了"不可见位移"测试，[173] 换句话说，这意味着它们理解当一个吸引它们的物体从视线中消失时，该物体并未真正消失，而是继续存在于最后一次被看见的地方。值得注意的是，猫在仅仅6~7周大的时候就已经具备了这种认知能力，这揭示了猫类在早期发育阶段就具备了对物体持久存在的基本理解。然而，当研究人员尝试对猫进行更为复杂的"皮亚杰式不可见位移"测试，即涉及多步骤推理和隐含物体移动场景的测试时，猫的表现则不尽如人意。这类测试通常对猫来说难度较大。在实验接近尾声时，当猫面对一个现为空置的容器，它们似乎无法推理出原本在容器内的物体实际上已被移至屏幕后面。它们倾向于在容器周围直接寻找消失的物体。

确实，这些关于猫对物体恒常性理解的研究结果，尽管可能超出我们的常规预期，但它们实际上更可能反映的是猫在野外生活中的实际需求，而非直接衡量出其智力水平。具体来说，"不可见位移"测试的情境模拟了猫在自然界中可能遭遇的猎物瞬间消失的情况。实验证明，猫不仅能在单一的"不可见位移"测试中成功找到隐藏的物体，而且在多次重复测试中，即使每次隐藏地点不同，只要猫目睹物体被藏匿的过程，它们就能持续准确地前往正确的地点进行搜寻。现实生活中，猫在追捕灵活多变、频繁转移藏身之处的老鼠时，确实会反复经历类似的场景。

对于捕食者而言，能否长时间记住猎物最后出现的位置，是决定能否成功伏击的关键因素之一，对猎物而言，这更是关乎生死存亡的重要考量。这种短期记忆能力被称为工作记忆，不同物种在这方面的能力差异颇大。有趣的是，对于那些试图避开猫的视线、藏匿起来的老鼠来说，它们面临的压力可能并不如想象中那么大，因为猫的记忆保持时间相对较短。实验数据显示，当物体（如猎物）从猫的视线中消失后，猫记住其位置的能力在 30 秒内急剧下降。1 分钟后，猫在寻找隐藏物体时的成功率只是略高于纯粹的随机猜测，[174] 这显然无法为猫提供足够的优势去捕捉一只已经藏匿起来的老鼠。因此，从效率角度来看，与其继续花费大量时间在老鼠可能藏身之处徒劳搜寻，不如转移注意力，寻找新的、尚未察觉到猫存在且防御较弱的猎物目标。

绝大多数现代家猫无须依赖自身的记忆力和狩猎技能来维系生存。它们主要依赖人类主人的定期喂养。当家猫感到饥饿时，它们自然而然地会将视觉注意力聚集在主人身上，期待着主人提供食物。

这项研究由研究员千地岩仁美（Hitomi Chijiiwa）及其团队进行：他们提供给猫两个容器，其中一个装有食物，另一个为空。结果表明，猫能够正确选择

含有食物的容器。这没有什么令人惊讶的，但这确实显示出它们具备识别食物源的能力。

接下来实验升级，两个容器中均放入食物。实验者从其中一个容器中取出食物并假装吃掉，或者仅取出食物展示给猫看后放回原处。随后，允许猫接近并选择检查任一容器。

研究者关注的问题是：猫是否会因为食物在"被吃掉"示范中看似消失，而倾向于选择未被人类接触过的容器？以及在食物被展示但未被"吃掉"的情况下，猫的选择会受到何种影响？实验结果显示，无论在哪种情境下，猫更多地选择去调查人类曾经接触的容器。然而，在食物被"展示"而非"吃掉"的情境中，这种倾向更为显著。这说明猫确实理解食物被吃掉后可能不再存在的道理，但这种理解并未完全主导它们的行为选择。

一开始，这个现象看起来有些奇怪，好像猫不理解食物一旦被吃掉就没了的概念。但是对于家养猫来说，人类去吃它们的食物可能太不寻常了，所以它们会去查看容器内的食物到底发生了什么。它们也可能是想看看是否还有剩余的食物。或者，因为猫经常看到主人给它们的饭碗加食物，以为这次可能也一样。不管怎样，研究者指出，猫对人类行为感兴趣并不是坏事，尽管在这种情况下它们可能会被误导，但在其他时候，猫会依靠主人开门、喂食或帮助它们摆脱困境——这表明它们实际上比我们想象中更加关注我们的行动。[175]

你瞅啥？

彼时正值盛夏，阳光明媚，医院庭院内闲适的猫群正惬意地享受日光浴。午餐时段已然过去，但今日却意外地有份"加餐"送达，那是由一名工作人员从坡道顶端的门中递出的，

看上去像是些残余的熏肉。在离门最近的地方休息的贝蒂第一个走向食盘。正当她坐在那儿，津津有味地咀嚼食物之时，塔比莎悄无声息地溜过来，蹲在不远处，盯着贝蒂。我说是"盯着"，实则是种毫不动摇的凝视。贝蒂显然察觉到了塔比莎的注视，但她在尽可能长的时间里避开对方的目光，直到无法忍受这种压力。最终，贝蒂移步一旁，塔比莎走上前去享用食物。此时，贝蒂正目不转睛地望着她。

在猫群进食时，我经常记录到类似塔比莎与贝蒂这样的互动。20 世纪 70 年代，英国朴次茅斯船坞野猫互动研究者简·达尔兹（Jane Dards）就记载过猫之间的凝视现象。达尔兹将这种行为称为"觅食瞪视"，认为其目的可能是威慑正在进食的猫，迫使其放弃食物。[176] 在我看来，这总让我想起一个孩子专注而满怀期待地看着另一个孩子逐一打开糖果包装的情景。在收容所，我也曾目睹过这种"觅食瞪视"。当一对对一起被收容的猫被安置在同一围栏内时，即使它们之间有着最亲密的关系，这种凝视也常发生在食盆周围。在家庭环境中，同样会出现这种现象——这也是为每只猫提供单独食盆并将其

135

隔开一定距离的一个重要原因。

在研究猫群互动的过程中，我发现观察的起始点常是一只猫对另一只猫的注目。最初，当被注视的猫同样回望注视者时，我将其记录为"目光交汇"。随着观察的深入，我意识到这其实勾勒出一幅在拥挤房间中猫儿们对视的浪漫图景，于是改用更直观的称谓——"注视发起者"与"注视接受者"。抛开这些术语的变换，我愈发体会到"目光交汇"这一瞬间在猫与猫的相遇中所占据的关键地位。紧随其后的种种动态，实则深受两者间关系的影响，或是迅速回避眼神、转向他处，或是饶有趣味地互相对视，抑或在火花四溅中激烈对峙。

一些小型研究对猫群中不同类型的注视行为进行了细致探究。其中，德博拉·古德温（Deborah Goodwin）与约翰·布拉德肖两位学者着重分析了同一猫群内个体间的交互行为，并将之细分为有攻击性特征与无攻击性特征两类。他们发现，在涉及攻击行为的互动情境中，尽管猫总体上花费大量时间观察对方，但实际发生直接对视的频率却低于预期。这表明，这些猫在紧张状态下更倾向于暗中窥探对方，一旦察觉对方的目光投向自己，便会迅速转移视线以避免潜在冲突。相反，在那些仅包含友好或非对抗性行为的互动中，按照猫彼此注视总时长的比例来看，相互凝视的发生程度与预想的一致。[177] 在此类场合下，相互对视并不带有敌意，与敌对环境中猫之间传递警告信号的严厉瞪视，或是贝蒂与塔比莎间那种冷漠、警觉的"觅食瞪视"形成了鲜明对照。

　　两位学者还进行了一项针对成对猫之间人为设定互动的研究，重点在于详尽记录它们之间的视线接触情况[178]。研究揭示了一个最为普遍的行为模式：一只猫首先会短暂地看向另一只猫，随后迅速转移视线，仿佛在不动声色地观察对方的行为。颇具趣味性的是，这一短暂的注视之后，往往紧接着的是同一只猫出现嗅闻周围物体或自我梳理毛发等行为。这些都是猫在面对不确定性、需要缓解紧张情绪时常采取的替代行为。有时，猫在转移视线后会选择避免进一步的互动。然而，若两只猫均未选择转移视线，双方持续对视，往往下一步会靠近彼此并进行嗅闻。这一现象再次印证了相互凝视在非对抗性情境中呈现的友好特质，与在对抗性情境中两只猫间紧张对峙的警告性瞪视形成了鲜明对比。

　　长久以来，动物个体间的直接凝视常被视为一种有敌意的表现，但上述研究及其他针对不同物种的研究成果表明，在特定情境下，相互凝视实际上可能反映的是更为友善的关系。

　　这一现象在人类行为中亦有体现。诚然，强硬的目光对峙有时确为彰显支配地位的手段，但我们注视他人眼睛的原因远不止于此。我们"捕捉他人目光"可能是为了揣摩他们的情绪状态，确认他们对我们言行的认同与否，或是向对方传递我们渴

望展开互动的意愿。有时，这种目光交流悄无声息地发生，独立于任何明确的言语或非言语沟通形式。然而，更多时候，我们在与他人交谈时自然而然地会伴随着眼神交汇。

在人与人对话的过程中，双方常常会同时将目光投向对方，"相互凝视"。这种目光的交织不受言语交流是否存在的限制，正如我在观察我的猫群时所观察到的那样。知名社会学家格奥尔格·齐美尔（Georg Simmel）曾指出："眼睛无法只接收而不给予。"[179] 这句话意味着当两个人相互凝视时，他们既在向对方传递信息，也在接收对方的信息。正如猫之间的相互注视会因其关系亲疏而有不同的解读，人类直接注视他人的眼睛同样会因人际关系的性质而产生不同的感受。当凝视者与对方熟识，或是正在进行交谈时，这种目光接触通常会被感知为友善与鼓励。反之，来自陌生人的长时间沉默凝视，往往会被解读为带有敌意。一项研究显示，人们普遍愿意相互凝视的时长约为 3.3 秒。[180] 然而，个体对于眼神交流的偏好存在显著差异，无论是时间过长还是过短，都可能导致参与者感到不适。特别是对于孤独症谱系障碍患者而言，他们对眼神交流尤为敏感，往往倾向于避免与他人直接对视。

猫对相互凝视的持续时间可能也有其偏好，至少在猫与人互动的背景下如此。一项针对这一主题的小型研究揭示了人的眼神交流如何以多种方式影响猫的行为表现。实验在一个猫熟悉的环境中进行，选取了 8 只猫作为受试对象，让它们面对一位陌生男性。

男性会看着猫，等待猫与其眼神接触，然后要么立刻将视线转向别处，要么保持目光接触长达 1 分钟。面对第一种情况，猫倾向于更频繁且更长时间地看着这位男性，这或许是因为它们在警惕地监控着局势的变化；面对第二种情况，大多数猫选择躲避或避免与男性对视，只有少数几只猫主动靠近男性，甚至爬上他的膝盖。[181]

一项研究观察了宠物狗和猫如何与儿童进行视觉互动，发现与狗长时间凝视不同，猫倾向于向儿童投出不同性质的凝视和较短的瞥视。在这项研究中，猫和儿童也很少处于长久对视状态。猫这种更为保留的眼神交流可能是其独居背景以及与狗相比视觉信号系统发育较差的反映。然而重要的是，这项研究的研究者提出，猫这种较短的瞥视模式或许可以为那些想要避免长时间凝视的人提供一种与宠物进行视觉互动的更舒适的方法。在这项研究中，作者特别提到了孤独症谱系障碍儿童，但这也可以适用于所有不喜欢长时间凝视的一般儿童和成人。[182]

寻找帮助

在动物行为学领域，科研人员日益关注不同动物如何理解和利用人类的目光信号，特别是那些与人类共同生活、建立紧密伴侣关系的动物。长期以来，研究重心主要落在狗身上，由于狗与人类建立了悠久的忠诚伙伴关系且天生具有强烈的社交倾向，它们进化出了令人赞叹的解读能力，甚至在某些情境下，还能引导我们的眼神交流。近年来，研究视野逐渐扩展至猫，科研工作者开始运用与研究狗相似的方法来评估猫在这方面的能力。此类研究通常设计一系列谜题，让猫在有或无人类协助的情况下完成，成功后可获得食物奖励。有些谜题相对简单，猫仅依靠自身智慧即可解开，但有些则被有意设置为"无解难题"，即猫单凭自身无法达成，必须依赖人类的帮助才能获得奖励。

在面对"无解任务"时，人类和一些动物会采取一种被称为"展示行为"的策略，以期获得有能力解决问题者或能指引他们找到所需之物者的帮助。这种情况下，他们会设法吸引那些他们认为能提供援助的人或同类的注意力。对于人类来说，这种展示行为可能表现为频繁地在目标人物与所求之物间快速切换视线，即我们常说的"眼神示意"，有时还会辅以明确的手势指向。至于狗，由于其生理特性限制，不能像人一样用手指出具体对象，但它们会用目光交流与肢体语言相结合的方式完成目标，比如在物品与主人之间来回穿梭，先专注地看着主人直至引起注意，随后迅速将视线转向目标物品。然而，对猫来说又如何呢？

亚当·米克洛西（Ádám Miklósi）教授和他的团队进行了一项饶有趣味的研究，该研究关注了猫与狗在遭遇挑战情境下的行为差异。具体场景是：食物被置于它们无法直接触及的地方，没有帮助的话无法获得。实验期间，动物的主人及负责藏匿食物的实验员均在场，观察猫和狗如何尝试获取这份奖励食物。研究结果显示，相较于猫，狗更早且更频繁地将目光投向在场的人类。猫虽然也会进行眼神交流，但频率明显低于狗。它们在没有人类介入的情况下，愿意花费更多时间独自探索和尝试解决问题。[183]

在另一项实验中，研究员张玲娜（Lingna Zhang）及其合作团队探讨了猫在面对可独立解决与不可独立解决的任务时，如何通过视觉交流与人类互动。研究揭示，猫在不同难度的任务情境下，会灵活调整其交流策略。当面对无法独自解决的问题时，猫与人类共处的时间有所减少，它们靠近装有食物的容器的次数也相应下降。然而，相较于能够独自完成的任务，猫在这类难题面前会显著增加交替注视容器与人的次数。有趣的是，实验中还观察到猫的行为会受人类注意力状态的显著影响。研究人员设计了两种人类关注状态：一是注意力集中的状态，此时人会主动面向猫，保持眼神开放，以便进行有效的视觉交流；二是注意力分散的状态，此时人会低头专注于查看秒表，刻意避免与猫产生眼神接触。当人类给予猫关注时，猫会更早、更频繁地看向人类，并且更加频繁地尝试接近食物容器。[184]

研究员利娅·哈德森（Lea Hudson）开展的另一项研究[185]揭示了相似的现象。在这项研究中，她向收容所内的猫展示了一个含有食物却无法破解的难题。这些猫被带入一间仅有难题和一位陌生人在场的房间。与张玲娜的实验设置相同，陌生人的行为被设定为两种类型：专注型（他们直接观察猫，并在猫与他们进行眼神交流时予以回应）和非专注型（他们背对猫，刻意避开眼神接触）。利娅·哈德森的研究结果显示，猫会依据陌生人是否给予其关注而调整自身的行动。当陌生人对猫表现出关注时，猫会比在被忽视的情况下更频繁、更持久地注视这位陌生人。

猫对于人类是否关注自己可谓相当敏感，尤其是在需要借助人力获取某种资源时，它们能够娴熟地运用眼神交流。有

趣的是，它们这种眼神交流的行为往往发生在我们真正将目光投向它们的时候，这是我们在日常与猫相处时不可忽视的一个认知。显然，人类并非时刻保持敏锐洞察力的物种，这一点早已被机智的猫察觉。为此，它们还进化出了喵喵叫、蹭腿等手段，以期在需要互动时吸引我们的注意力。作为主人，若能留意并理解它们那些更为微妙的眼神示意，或许能为彼此建立起更为亲密的纽带。

你在看什么？

设想一下你正与某人面对面交谈。如果对方突然将视线从你的双眸转向你身后远方某一点，你会下意识地随之转动头部，探寻对方所注视的目标。这就是所谓的"目光追随"，一种通过跟随他人视线来收集信息的方式，最终使双方将注意力聚焦于同一对象，即达成"共享关注"。除此之外，人们在人际交往中，特别是在无言语交流的情境下，还会巧妙地将目光转移作为一种"指示信号"。比如，我们有意识地将视线投向某个物品，以此暗示对方该物可能与他们相关或颇具趣味，引导其一同关注。

目光追随曾一度被视为我们这类高度社会化的生物所独有的能力，然而如今这一现象已广泛见诸其他众多社群性动物的身上，甚至在某些独居物种中亦有发现，这无疑更为引人注目。研究者们愈发关注其他动物能否识别并响应人类给出的目光指示信号。

来自匈牙利布达佩斯厄特沃什·罗兰大学（Eötvös Loránd University）的彼得·庞格拉茨（Péter Pongrácz）及其团队，便试图探究猫是否具备利用人类给出的指示性目光线索，找寻我们视线所及之物以求得奖励的能力。为了营造一个尽可能轻松的测试环境，实验选择在猫自己的主人家进行。测试过程中，猫在主人引领下走向坐在两个罐子之间稍靠后位置的陌生实验者，其中一个罐子内藏有食物。两个罐子均事先在看不到的地方涂抹少量食物，以防止猫仅凭嗅觉做出选择。实验开始时，实验者采用以下两种方式之一吸引猫的注意：显式方式包括呼唤猫的名字或其他惯常唤起其注意力的声音；非显式方式则是发出咔嗒声，此声音通常不用于召唤猫。一旦成功吸引猫的目光，实验者便会转动头部，直接凝视装有奖励的 158
罐子。为增加实验的趣味性，实验人员采用了两种不同形态的目光提示：一是"动态注视"，即实验者持续注视正确罐子直至猫做出选择；二是"瞬时注视"，即实验者快速瞥一眼正确罐子后迅速将视线转回猫。尽管瞬时注视对人类而言更难追踪，彼得·庞格拉茨和他的团队还是想知道这种动作是否会让习惯于狩猎时进行扫视的掠食物种（如猫）更容易注意到。[186]

实验证明，猫在跟随人类（包括陌生人）给出的目光线索方面展现出极高的天赋。它们在实验中的表现优秀，高达 70% 的时间里准确无误地选择了藏有

143

食物的罐子，这一成绩堪比部分非人类灵长类动物，甚至与犬类的类似技能不相上下。值得注意的是，无论是直观的动态注视，还是更微妙的瞬时注视，猫均能出色地跟随。不过，无论采用显式或非显式的方式来吸引猫的注意力，都未明显提升它们在该任务中的成功率，这一现象与犬类的表现存在差异。[187] 然而，使用猫更为熟悉且显式的语音提示，相较于非显式的声响，确实能更有效地促使它们快速建立眼神接触。

尽管研究尚处于初级阶段，但这些初步成果已经开始揭示猫如何巧妙地利用人类目光进行交流。在家庭环境中，猫并非如人们通常认为的那样冷漠且对人类的关注无动于衷，尽管这种依赖目光交流的方式对它们而言并非天性使然，但它们已然学会并运用此法进行沟通。面对人类设置的难题时，猫会望向我们寻求帮助，会通过跟随我们的目光找到奖励。虽然这样的互动场景在自然环境中并不常见，但猫却能敏锐捕捉并利用这些人为创造的机会。每只家猫因其与主人及其他人类的独特相处经历与关系，可能在跟随人类目光的能力上展现出不同程度的差异。目前仍待解答的问题是，每只家猫是在其一生中独立习得了跟随人类目光的技能，还是这种能力是在驯化过程中作为物种内在特性逐渐被演化出来的呢？要深入探讨这一议题，有必要对未经社会化训练的野猫进行类似测试，观察它们在相同情境下的反应。遗憾的是，此类研究至今尚未付诸实践。

理解指向行为

除了设法证实猫能够依据我们的目光所给出的指示性信号行事，研究者们还十分关注宠物猫是否能理解我们发出的其他类型的指示性信号。

以人类手势为例。大约在 1 岁时，人类婴儿开始用手指指出自己想要的物品（命令性指物）或希望与他人分享的事物（声明性指物）。鉴于指物在人类交际中的核心地位，科学家已针对多种动物开展实验，探究它们能否从我们指向目标物体的手指中获得线索。然而，迄今为止无人观察到猫曾进行任何形式的指物行为，无论用爪子指向任何事物。对于没有手指的动物来说，理解指物行为相当困难。此外，许多家养猫习惯了在主人迎接它们时，主人会伸出一只手供其嗅闻。在此情况下，猫的本能反应通常是走向那只手，而非看向手所指向的位置。

在上述关于目光追随的系列研究中，亚当·米克洛西及其团队还揭示了猫和狗皆能准确跟随人类手指指向找到藏有食物奖励的碗。不论手指距离碗口近（4~8 英寸[①]）或远（27.5~31.5 英寸[②]），也不论指示时间长或短（甚至仅 1 秒），猫和狗均能成功找到目标。[188] 尤其值得关注的是，尽管普遍认为狗在关注人类行为方面更具优势，但实验结果显示猫在跟

---

① 10~20 厘米。——编者注
② 70~80 厘米。——编者注

145

随指物方面与狗表现相当，这无疑是一个有趣的发现。更加令人惊奇的是，猫在此任务上的表现竟与部分非人类灵长类动物旗鼓相当。[189] 这一令人瞩目的能力或许源自猫与人类长期共处的过程，它们不仅适应了人类的语言模式，还逐步掌握了对人类特有信号的理解与应用，从而实现了高效的交流。手指所指之处通常伴有美食奖励，这无疑大大加速了它们的学习过程。

彼得·庞格拉茨及其团队在一项面向匈牙利养猫人群的调查中，[190] 深入考察了人与猫之间的手势指示互动。[191] 这里的手势指示不仅涵盖手部动作，还囊括了前文所述的头部转向和眼神暗示等指示性信息传递方式。研究过程中，他们发现了若干引人关注的现象。在主人与猫嬉戏互动的过程中，若是由猫率先开启游戏，主人使用信息指示的次数通常较少。研究者推测，这或许意味着对猫信号反应敏锐的主人较少对它们进行干预性引导，而对猫信号察觉较差的主人则可能更多地借助指示性信号来引导互动进程。当主人成为游戏的发起者时，他们似乎更倾向于使用这类手势来激发双方的互动游戏氛围。此外，调查数据显示，声称自家猫在互动中融合运用视觉、触觉及听觉等多元沟通方式的主人，相较于那些表示猫仅依赖单一沟通渠道的主人，更频繁地对猫使用指示性信号。在这种情况下，究竟是猫对主人的此类沟通方式产生了反馈性响应，还是主人的引导方式反过来塑造了猫的沟通模式，变得颇为微妙且难以断定。

一瞬间

我悄悄地踏进猫舍，尽量不发出丝毫声响。架子后面的

161

纸箱内传出一阵明显的骚动声。我踮起脚尖，小心翼翼地朝里窥探。我看到了一对压平的小耳朵以及半张因惊恐而紧绷的毛茸小脸。一双  圆溜溜的眼睛自箱边凝视着我。这就是米妮初抵收容所一周左右的常态，我对能多见她不抱期待了。我决定尝试一种新策略——缓缓眨眼，这是我近期偶然听到的方法。尽管对此心存疑虑，但作为一名年轻学生，我深知自己尚有许多未知等待探索，只要不对她过分逼近，或试图触摸，我试一下也没什么损失。我再次踮起脚尖，朝着米妮所在的纸箱内张望，虽然自觉有些傻气，但依然尝试着缓缓地眨动双眼，继而眯起眼睛，使其呈半阖状态。尽管半阖的眼帘会让视线变得模糊，但让我惊讶的是，那双直视我的圆溜溜的眼睛也开始徐徐眨动，随后在我半阖眼眸的回应下，也保持了同样的半阖状态。难道是我的错觉吗？意识到自己因惊异而瞪大了双眼，我再次重复了缓缓眨眼的动作。米妮也一样，跟随我一同缓慢地闭合、睁开双眼。

162

从那以后，我到哪里都会尝试用"慢眨眼"法与猫交流。我试过在救援中心的猫身上、在我自己或其他人家里的猫身上，甚至在街上遇到的猫身上使用这种方法。显而易见，这是一个为众多猫所熟知的信号，因为它们以一种礼貌的方式回应了我笨拙却又真诚的互动尝试。这奇妙的"慢眨眼"艺术已被我热切分享给了许多人——包括兽医、兽医助理、救援中心工作人员以及养猫人士

们。我感到无比欣喜，仿佛突然间获准进入一个神秘的猫信号联盟。

当我向他们询问何时最常运用"慢眨眼"时，收到的答案是"当你与猫在房间里长时间对视，希望传递一份宁静与安抚时"（一位资深猫奴分享），"尤其是当新收养的猫刚来到新环境，显得胆怯而缩在角落时"（来自救援中心工作人员的经验之谈）。后者的描述令我想起了初次邂逅米妮的场景。

英国猫保护组织"守护猫"（Cats Protection）在 2013年对养猫人群进行的一项调查显示，高达 69% 的猫主人将猫的慢眨眼行为与它们在身旁感到安心的状态紧密关联。然而，这种猫与人之间神秘的眼睑对话的具体机制，直到朴次茅斯大学的塔丝敏·汉弗莱（Tasmin Humphrey）博士及其团队对其进行严谨研究之前，始终未曾得到科学的剖析。在他们的学术论文中，汉弗莱博士及其团队详尽地解析了猫"慢眨眼序列"的结构特征：这一过程通常始于一系列的眼睑微阖动作，此时眼睛并未完全闭合，而是处于半闭状态。接着，它们可能在半闭合状态下短暂停留，也可能直接滑入全闭状态。[192]

该研究团队通过拍摄并分析猫主人在家中与自家猫进行预设互动的场景，深入探讨了日常生活中猫与人之间的"眨眼交流"是如何具体展开的。实验设定了两种条件，一种是要求猫主人主动吸引猫的注意力，随后向它做出慢眨眼动作；另一种则是猫主人在场，但刻意忽略猫，不做任何慢眨眼示意。研究结果显示，当猫主人对猫慢眨眼时，猫更倾向于对主人回以慢眨眼。由此可知，慢眨眼并非猫与人之间偶然发生的随机现象，而是存在着明确的互动关联。

研究团队接下来考察了当陌生人面对猫慢眨眼时猫的反应，与陌生人保持正常表情、避免有直接眼神接触时猫的反应有何区别。实验结果显示，面对陌生人的慢眨眼，猫不仅会相应地增加自己的慢眨眼次数，而且相较于陌生人仅保持面无表情的情况，猫在接收到陌生人的慢眨眼信号后，更愿意主动接近陌生人。这一发现有力地印证了人们普遍持有的观点，即慢眨眼行为有助于让猫放松，并能激励它们与熟识的人以及陌生人展开更为积极的互动。

但身处紧张环境、无法感受到放松氛围的猫（例如米妮），突然被安置于陌生的收容所，承受未来领养者的审视时，正如米妮所经历的，许多收容所内的猫在面对类似的压力情境时，的确表现出使用慢眨眼作为应对策略的现象。汉弗莱博士及其团队进行了第二项研究，这次他们聚焦于收容所内（而非家养）猫对陌生人慢眨眼的反应。这一次，当人类实验者向猫慢眨眼时，同样引起猫更频繁地以慢眨眼回应。参与测试的猫对所处环境的焦虑程度各不相同，然而，较为镇定的猫并不比焦虑程度较高的猫更频繁地慢眨眼。事实上，对于人类的慢眨眼信号，更为紧张的猫产生慢眨眼序列的持续时间略长，尽管差异并不显著。[193] 这暗示着慢眨眼在不同情境下可能发挥着不同的功能。当环境宁静友好、猫放松时，慢眨眼可能起着增进亲和力的作用；当猫害怕时，它可能是一种服从的姿态，以缓和紧张气氛。这种兼具双重目的的信号在动物界并不鲜见，因为在任何社会群体中，避免冲突或是增进成员间的和谐氛围，都是至关重要的目标。猫自身也拥有另一种类似的信号——相互梳理，这一行为在第 5 章中有详细探讨。

慢眨眼这一行为的起源尚存疑问：究竟是猫先在同类之间发展出这一举动，随后发现其在与人交往中同样有效，还是它们先在与人的互动中学会了慢眨眼，继而发现这一行为也能在猫的社会交流中发挥作用？在猫的世界里，长时间的直视往往被视为潜在的敌意表现，除非其中一方或双方均转移视线，否则这种对峙很可能升级为激烈的、更具攻击性的冲突。因此，在猫与猫的互动中，慢眨眼或许扮演了转移视线的替代者的角色，通过柔化视线，传达并无敌意的信息。

正如汉弗莱及其团队所指出的，不仅仅是猫展现出这种眼睑收缩的典型行为，犬科动物、马科动物和牛科动物等同样存在此类现象，人类也不例外。尽管我们可以有意识地对猫进行慢眨眼模仿，但实际上这种行为与人类自然发生的眼睑收缩极为相似。我们在做出所谓的"杜兴微笑"（Duchenne smile）时，就会不自觉地进行这种眼睑收缩。杜兴微笑得名于法国神经学家吉约姆 - 本杰明 - 阿曼德·杜兴·德·布伦（Guillaume-Benjamin-Amand Duchenne de Boulogne），他在 1862 年首次对此现象进行了描述。[194] 杜兴是早期研究人类面部神经和肌肉如何相互协作产生各种表情的科学家之一。他的一项重要发现是，尽管所有的微笑都需要面颊肌（zygomaticus major）收缩以牵动嘴角上扬，但真正发自内心的喜悦微笑还会引发眼周肌肉（orbicularis oculi）的收缩。由此产生的效果是眼睛明显变窄，眼角外侧形成标志性的"鱼尾纹"。

后续实验表明，许多人在面对人或猫时，都能够相当逼真地模拟这种眼周皱纹效应。[195] 或许正如杜兴本人所述，我们的眼睑收缩确实给猫带来了"愉悦的感受"，促使它们产生回应的意愿。随着人类逐渐掌握并运用模仿眼睑收缩的能力，猫也展现出模仿这一动作的天赋，人类与猫在不经意间开辟了一条迷人的目光交流途径，得以用眼神向彼此"微笑"。

07 各种情况都会发生

没有平凡的猫。

——科莱特（Colette）

目前，我的家中有两位可爱的猫室友——布西和小黑，她们是一对在 8 周大时一同从收容所被我领养的姐妹花。小时候，她们形影不离，玩耍时在家中疾驰，酣睡时紧贴着彼此蜷成小小的一团，仿佛能被我轻轻捧于掌心。如今，她们已步入 15 岁的"高龄"，虽更为成熟，但如众多成年"兄弟姐妹"（至少是猫科动物界）常会做的那样，她们尽量避免彼此接触。尽管她们同母同窝，共享同样的家庭、关爱与关注，性格却迥异。

深受孩子们喜爱的书籍《吃六顿晚餐的猫》（*Six-Dinner Sid*）由英格·莫尔（Inga Moore）撰写，堪称每一位猫主人的必读书目。[196] 书中将主角希德刻画得生动传神，简直和我家的小黑如出一辙。炎炎夏日里，小黑总是在享用完早餐后即刻外出，直至日暮时分，我在后门处轻唤数声，继而提高音量再唤几遍，她才肯悠悠归家。在这漫漫白昼里，她不知游历了多少邻近街巷，拜访过多少户人家。归来时，她的身上沾染着他人的香水气味、饭菜味道以及各色"家的气息"。在气温较为宜人的日子，她则选择在前院墙头驻足，宛如招徕路人的"明星"，过往行人无不被她吸引，停下脚步与之互动一番。有一次，我刚刚将车入库，朝着小黑喊了一声，旁边一名恰巧走过的路人插话道："哎呀，这是你家的猫吗？她总是跑到我们家里去，我们都以为她是迷路了呢。"我瞥见小黑那光泽闪亮的皮毛与圆润饱满的小身躯，心中暗自思忖："哪儿的流浪猫长这么好？"嘴上却笑着回应："她老是弄丢项圈。"同时礼貌地叮嘱对方："下次她再去您家做客，千万记得别给她喂食。"接下来我们又交谈了几句，我询问他们是否曾偶遇我家的另一只猫。"你们还有另外一只猫？"他们颇感惊讶地反问。

　　我们家的邻居们对于布西这只地道的宅猫几乎一无所知，因为她大部分白天时光都消磨在房子内，或是悠然自得地蜷在洒满光影的角落，或是趁着夏秋季节在后花园里活跃，追逐飞行的昆虫或扑击飘落的枯叶。就在不久之前，我们还曾拥有一只名叫阿尔菲的金毛猎犬，他堪称世上最为温顺、憨厚、贪

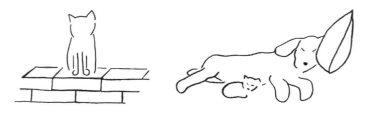

吃，同时也是最臭气熏天的狗狗。尽管如此，布西对他却情有独钟——她会亲昵地围着阿尔菲那远大于自己的身躯磨蹭，甚至在夜晚时分钻进他的狗窝，与之相拥共眠。与此形成鲜明对比的是，小黑对阿尔菲的态度则是赤裸裸的鄙夷——只需要一个冷漠的眼神，阿尔菲便会吓得慌忙退回自己的床铺避难。令人费解的是，为何这对同胎出生的猫性格差异竟如此之巨？

性格——至少是人类的性格——引起了哲学界的兴趣。两千多年来，科学家们一直在研究这个问题。我们的个性影响我们对待生活的方式、我们看待世界的方式，以及最重要的是，我们如何彼此沟通。希腊人哲学家希波克拉底（Hippocrates，公元前 400 年）认为，人的性格特征受体内四种液体或"体液"的影响，盖伦（Galen，140 年）后来扩展了这一观点：暴躁的（通常是大胆而雄心勃勃的）体液是由黄胆汁决定的；忧郁的（更偏向保守和焦虑）体液是由黑胆汁产生的；乐观的（乐观和开朗）体液来自红色的血液；而冷漠的（冷静和体贴）体液源于白色的黏液。

性格理论和研究历经多年发展，早已超越了将性格与体液简单关联的古老观念。对人类性格深入探究的一个重要维度便是所谓的"畏缩–大胆连续体"（shy–bold continuum）。这一概念描述了个体在面对新颖或风险情境时表现出的不同应对模式，大胆者倾向于最大限度地接受风险，而畏缩者则尽量规避。畏缩与大胆的倾向是杰罗姆·卡根（Jerome Kagan）在 20 世纪 70 年代开展的一项关于儿童的开创性研究所关注的核心问题。卡根的研究揭示，虽然畏缩有一定的遗传性，但它并非固定不变。在许多情况下，随着儿童的成长，适宜的环境条件能够有效地使畏缩程度降低。相比之下，天生大胆的孩子在成年后往往不太可能出现显著变化，这可能是因为他们不像畏缩的孩子那样经常受到鼓励去提升自信。[197]

尽管对畏缩－大胆连续体的研究揭示了性格的一个重要方面，但要全面描绘个体性格的复杂性，需要考虑更多维度。为此，研究者们开始寻求一种能从多个角度衡量整体性格的方法。最终形成的理论框架便是广为人知的"五大因素人格模型"，也常被称作"大五人格模型"。[198] 这一模型被公认为是对个体性格进行精确且可重复评估的有效工具，它通过问卷调查的形式，对 5 项核心特质进行评分：开放性（Openness）、尽责性（Conscientiousness）、外倾性（Extraversion）、宜人性（Agreeableness）和神经质（Neuroticism，特指个体倾向于表现出一系列负面特质，包括抑郁、易受伤、易怒、情绪化、焦虑以及害羞等）。每个维度的得分都是按比例分配的，这意味着个体不会被简单地划分为绝对的"外向"或"内向"，而是落在一个连续谱系上的某个位置。例如，在外倾性量表上，那些特别自信、擅长社交的人会获得较高的分数，而极为安静、内敛的人得分较低，大多数人的得分则处于这两个极端之间。5 个维度得分的组合共同构成了被测个体的性格轮廓。

动物性格：大胆前行

猫和其他动物是否具备性格特征？这个问题随便向一位猫主人询问，答案几乎毫无例外地会是："当然有！"随后，他们可能会热情洋溢地分享自家猫如布西或小黑的生动故事，详述那些鲜明的性格特点（正如我前面所提及的）。尽管人类对性格这一概念的探讨已有约 2000 年的历史，但在科学界，长久以来的主流看法是，无论是家养动物还是野生动物，都不具备性格。在研究动物群体时，个体间的差异往往被视为无关紧要的背景"噪声"。主张动物具有性格的观点，极易招致严厉的拟人化批评，这种批评力度之大，足以令严谨的行为科学家为之忌惮。

然而，除了对具有特定生理特性的个体有所偏好，自然选择同样影响着动物在不同环境条件下的行为反应。因此，行为上的个体差异在研究动物交流、生态适应、认知能力以及进化动态等方面具有重要意义。鉴于此，科学家在研究中逐渐开始重视对个体差异的考察。最早将性格概念引入动物研究的科学家之一是俄国科学家伊万·巴甫洛夫（Ivan Pavlov），他因 19 世纪末对狗的条件反射实验而声名卓著。根据狗的行为反应模式，他提出了四种类似古希腊医学中人类气质分类的性格类型：易激动型（对应胆汁质）、活泼型（对应多血质）、安静型（对应黏液质）以及抑制型（对应抑郁质）。这些分类反映了动物在行为反应速度、活动水平、情绪稳定性以及对外界刺激的敏感度等方面的差异。巴甫洛夫的研究为后来探讨动物性格提供了初步的理论框架，开启了科学界对动物个体差异深入研究的大门。

随着研究的深入，动物性格逐渐被接纳为一个严谨的科学领域。从福寿螺到狨猴，科研人员广泛研究了动物个体内部及种群间的行为差异，以揭示这些差异如何影响它们的交流方式、如何有助于生存、如何通过遗传传递，以及在不同环境中如何发生变异。为了避免任何拟人化的联想，学者们往往避免直接使用"性格"一词，而选择使用"应对风格""行为风格""行为综合征"等表述，或者在足够谨慎的前提下，使用"气质"一词（尽管严格来讲，"气质"更多地指性格的遗传构成部分）。

与人类一样，动物性格的一个特别深入研究的方面是畏缩到大胆性格的范围，这一特征似乎出现在每一个动物种群中。布西和小黑就是典型的例子——大胆的小黑自信地闯入邻居家，而害羞、内向的布西则坚守家中的小天地。研究人员一直想知道这两种截然相反的性格类型是如何在一个种群中从一代传到下一代并取得成功的。

在当今时代，许多物种不得不面对与人类日渐紧密共存的现实，科学研究已开始关注人类活动及其对环境的改变（即人为因素）如何影响各种动物种群的行为习性和性格特征。城市区域的迅速扩张和蔓延为原本栖息在周边乡村的动物开辟了新的生态位，这些新环境对时刻寻找食物资源的野生动物来说具有极大的诱惑力。动物个体适应新环境挑战的能力，直接影响它们在这些新生态位中成功立足的可能性。研究结果显示，正如预期，种群中大胆或积极进取的个体往往在这些新兴的城市环境中占据主导地位，它们通常被称为"城市适应者"。以梅兰妮·达姆哈恩（Melanie Dammhahn）及其研究团队的调查为例，他们在德国 4 个城市及 5 个乡村区域中，对受到不同程度城市化影响和人类活动干扰的黑线姬鼠（*Apodemus agrarius*）种群进行了研究。研究揭示，城市中的黑线姬鼠相

157

比它们更为胆小的乡村同类，展现出更为大胆、勇于探索的特性，并且在某些行为上表现得更为灵活。[199] 这些城市田鼠在面对人类活动频繁、环境变化快速的城市生境时，其行为和性格上的适应性变化，使其在竞争中脱颖而出，成为成功占领城市生态位的佼佼者。

这样的研究自然而然引出一个问题：既然大胆、积极主动的动物能够优先获取新的食物资源、新的避难所，以及由此可能带来的繁殖优势，为何种群中仍保留着畏缩的个体呢？答案在于，尽管大胆行为带来了诸多益处，但它同时也伴随着风险。举例来说，在城市环境中，随着新的食物来源出现的还有新的捕食者、寄生虫威胁，道路和交通安全隐患，以及受到污染的空气、土壤和水源。

现代家猫的祖先——第 1 章中提到的约 10000 年前生活在新月沃地的机敏野猫，可以说是猫科动物中最早的"城市适应者"。在每个地方种群中，可能也混合包含了大胆与畏缩性格的个体。当时的早期人类聚居点，正是我们今天所见人类世界的雏形，可以推测，当时那些更大胆、更勇于探索的猫，极有可能是首批悄无声息地潜入这些原始村落寻找食物的猫先锋们。

然而，这些猫先锋们所遭遇的人类反应可能大相径庭。和它们一样，初来乍到的农民同样是机会主义者，许多野猫可能并未如愿获得食物，反而成了农民餐桌上的佳肴。此外，一些凭借卓越捕鼠能力赢得农民青睐的猫，则被允许在附近区域自由活动。那么，对于那些害羞的猫而言呢？相较于大胆的同类，胆小的野猫在接近人类聚居地之前，会花费更多时间进行侦查与评估，这或许使它们得以避开人类和其他捕食者（如野狗）的威胁，从而在生存时间和繁殖机会上胜过大胆的个体。两种策略虽各有千秋，但都是成功的。

正如第 1 章详尽阐述的那样，猫在人类文明中的命运犹如坐上过山车一般起伏不定——在这一历程中的任何时期，大胆或畏缩的性格都有可能成为优势或劣势。在古埃及，猫被视为神圣之物，无论是大胆、畏缩还是处于二者之间的性格，它们都能在这样的环境中繁荣昌盛。相反，在中世纪，猫遭受人类的迫害，此时更为畏缩的性格或许更有助于它们生存，保持低调无疑是最佳策略。在当代野猫群落中，研究显示更为大胆的公猫具有更高的繁殖成功率。不过这种大胆行为的代价是增加了感染猫免疫缺陷病毒的风险，该病毒主要通过公猫争斗时的咬伤传播。[200] 因此，尽管大胆的猫在繁殖上占优，但其寿命可能比畏缩的个体要短。

猫，以及许多其他生物种群的持久生存，似乎是由它们保持性格类型多样性的能力决定的，这些类型会随环境条件的变化而经历自然选择的增减。然而，即使是看似简单的畏缩与大胆这一性格"光谱"，实际上也没有看起来那么简单。以布西和小黑为例，原先被认为"害羞"的布西，在家中面对来访客人时竟展现出相当的自信，且如前所述，她与我们的狗阿尔菲相处甚欢。小黑在家时则对多数访客漠不关心，也不喜欢与阿尔菲共处。就像人一样，猫也有复杂的猫性格。

猫的性格

孤傲、独立、狡猾、胆小、亲切、刻薄、聪明、顽皮、好奇、鬼祟、自信、害羞、怀疑、神秘……历史上，猫的性格特征被爱憎猫之人以主观观察的方式赋予了大量标签。要像描述人类性格那样，找到一种更客观、更科学的方式来描述猫的性格及其差异，是一项颇具挑战性的任务。自 1986 年起，人们开始严肃地尝试这一课题，一项研究率先确定了猫性格的三个基本维度，即警觉性、社交性及稳定性。[201] 后续研究在此基础上进一步拓展，运用各种方法和术语，将猫的性格维度细分为 4~7 个。这些研究在评估猫的性格时，主要关注它们对人类的行为表现，而非它们与其他猫之间的互动行为。

2017 年，关于猫性格研究的一项重大且最为全面的研究取得了关键性突破。这项研究对南澳大利亚和新西兰超过 2800 只猫的数据展开了详尽分析，这些数据来自猫主人亲自填写的调查问卷。通过对这些数据的深入挖掘，研究者卡尔拉·利奇菲尔德（Carla Litchfield）及其团队确定了包含 52 项个体特质的 5 个核心性格维度，这 5 个维度涵盖了猫对其他猫和人类的行为表现。这被命名为"猫五型"的性格体系与早先为人所熟知的"大五人格模型"呈现若干引人注目的相似之处。[202]

猫被揭示一部分性格维度与人类相仿，分别是宜人性（在猫中对应为"友好性"）、外倾性（外向）和神经质（胆怯）。大多数猫主人可能并不会对猫并未展现出类似人类、黑猩猩和大猩猩的"尽责性"感到惊讶。猫同样不具备人类独有的"开放性"。

取而代之的是，猫的性格体系中包含了两个独特维度，冲动性（或称"自发性"）以及支配性。后者是一个在多种非

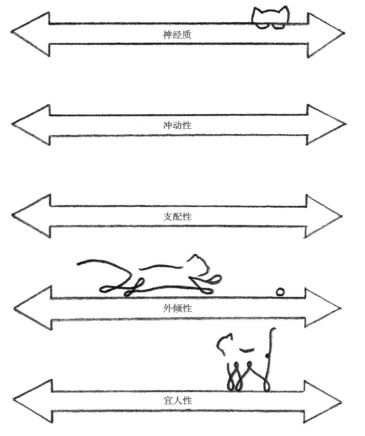

人类动物物种中也能观察到的维度，它体现了猫在特定情境下展现的强势、侵略性，有时表现为对其他猫的欺压行为；而在另一极端则意味着猫的顺从、温和与友好。

构建猫性格的"猫五型"模型中，个体猫所展现出的特性被划分为多个维度，其中神经质（胆怯）涵盖了不安、焦虑、疑虑及羞涩等特质，宜人性（友好性）则囊括了重感情、强亲和力及性情温和等特点。在"猫五型"性格框架下的全部52种可能特质中，除了常见的描述外，还包含了一些虽罕见却极为鲜明的特质，例如鲁莽、行动漫无目的、容易放弃和笨拙等。我自己尤为欣赏这几类特质，因为在我多年的养猫经历中，的确邂逅过不少具备此类独特气质的猫。

与人类的"大五人格模型"一样，"猫五型"的每个维度都有一个从低至高的标尺，两端是行为极端。猫根据其主人的回答在每个维度上得分。它们通常在几个维度上的得分居中，可能在某一两个维度上得分高或低。例如小黑就像谚语中的好奇猫一样，在外倾性上得分高，在宜人性上得分高，在神经质上得分低。我的更敏感的布西在神经质和冲动性上得分更高，但她和小黑一样喜欢人，所以在宜人性上得分也很高。

"猫五型"性格测试为猫主人提供了一个更为全面的视角去审视自家猫的性格特点，而非仅仅将印象停留在"我家猫非常好奇"或"这只猫非常友善"等表象上。一只猫可能充满好奇心又活泼外向且极富亲和力，也可能虽好奇但偏向独处，享受安静时光。

通过对猫性格的深入剖析，我们得以找出提升单只猫生活质量和心理福祉的有效途径。那些在神经质维度得分较高的猫，即所谓的"胆小型"猫，往往更容易感受到压力。为这类猫营造一个拥有众多隐蔽空间和安全感的居家环境能让它们在感到紧张时有个安心的避风港，从而降低应激水平，提升生活质量。那些外倾性得分突出的猫，它们天生活力充沛、好奇心旺盛，如果作为室内宠物生活，可能会面临刺激不足的问题。为它们提供丰富多样的玩具和空纸箱去探索，有助于缓解无聊。对于在宜人性上得分很高的猫，会从主人的频繁关爱中获得极大的满足感。互动游戏、温柔抚摸和抱抱是它们乐于接受的。

在考虑让第二只猫加入家庭时，了解现有猫的性格特征无疑具有重要参考价值。通过分析猫的性格类型，可以明智地选择性格相辅相成而非存在冲突的新成员。例如，若已知家中猫在支配性上得分较低，那么引入同样在这一维度得分偏低的猫，则双方可能更少因共享资源而发生争执。反之，某些特定性格的猫，如在支配性上得分极高或在友好性上得分极低的个体，可能更适合成为家中唯一的一只猫。

是什么塑造了猫迥异的性格特点？是什么决定了某只猫会成为温柔地发出呼噜声、热情地蹭擦腿边、频繁喵喵叫以示亲近的伴侣，还是成为内敛、独立、警惕、沉默寡言，甚至偶尔显得无所事事的"思考者"呢？答案并非直截了当，正如人类性格形成之谜一样，猫的性格似乎也是由遗传基因与成长环境两者共同决定的，这是生物进化与个体经历共同作用下的古老谜团。

环境对猫性格的影响

当被问及对猫的偏好时，多数人会坦承，相较于冷漠或羞涩的猫，他们更倾向于拥有性情温良的猫作为宠物。毫不意外，猫的友善特质成为研究者最为关注的性格特征之一。那么，究竟是什么因素促使猫对人类展现出亲昵友善的态度呢？

又该如何在挑选幼猫时预判其成年后是否性格友善呢？我们身边城镇街头巷尾那些尽量避免与人接触、与人保持距离的流浪猫群体，无声地表明了一个事实：尽管猫已被驯化，但它们并非天生就"设定"为亲近人类。猫完全能够独立生存，无须迎合我们对于那甜美喵喵叫、竖起尾巴以及蹭头示好的期待与喜爱。对它们而言，要变得对人友善，就必须学习并理解与人类互动是一种有益的行为。

的确，几乎每种动物在其生命初期都会经历一个关键的窗口期，即所谓的"社会化期"，在此期间，它们会积极地与同类及其他物种建立社会联系，这一过程被称为社会化。有些物种的幼仔，通常是鸟类，出生时就已经发育得很好（被称为早成雏），出生后往往会跟随看到的第一个移动的东西。理想情况下，这应该是它们的母亲，但也可能是人类或其他动物。奥地利动物学家康拉德·洛伦茨（Konrad Lorenz）将这一现象描述为"印随行为"（imprinting），他曾被一群刚出生的鹅尾随。

对于发育速度相对较慢的物种，如狗和猫，它们在生命的早期拥有更为宽裕的时间来逐步学习与哪些动物可以进行安全有效的互动。在一窝小狗或小猫的成长过程中，它们会共同进食、嬉戏打闹，这些日常活动自然而然地让它们从兄弟姐妹和母亲那里习得如何与同物种成员进行恰当的交往。然而，想要它们学习如何与人类建立和谐关系，则要让它们在幼年期就有计划、适度且持续与人类接触。20 世纪 50 年代和 60 年代的研究成果确定了狗的社会化进程的关键窗口期为 3~12 周龄。

179

在过去的科学认知中，尽管对小猫的社会化敏感期存在着各种理论观点，但长时间以来，这些观点未经严谨的实证研究验证。普遍共识倾向于认为，猫的社会化进程与狗相似，即在大约 8 周龄离开母猫前往新家时，对它们进行抚摸和常规照料有助于其与人类建立社交联系并适应新环境。然而，这一领域的深入探索直至 20 世纪 80 年代才取得了重大突破。研究员艾琳·卡尔什（Eileen Karsh）开展了一项开创性的工作，旨在更加精确地界定小猫的社会化关键期。卡尔什借鉴了已有的关于小狗研究的成果，这些成果认为 7 周龄左右可能是此类敏感期的中点。据此，她设计了一系列实验，将研究对象——小猫，分成了三个对照组。第一组小猫从出生后第 3 周开始，直至第 14 周，每天接受 15 分钟的抚摸；第二组小猫仅在第 7 周至第 14 周接受同样的每日抚摸；第三组小猫则在第 14 周前完全不被抚摸。当小猫达到 14 周龄时，卡尔什开始测试每只猫对人类的亲近程度，考察小猫主动接近人类的意愿以及对被人抱持的接受度。这些测试每隔 2~4 周进行一次，直至小猫满 1 岁或更长。

不出所料，从未被抚摸过的幼猫对人的友善程度明显低于从 3 周大就开始被抚摸的组别。但令人惊讶的是，从 7 周龄才开始接受抚摸的小猫群体，其对人的友善度竟与从未被抚摸过的对照组表现出相似的低水平。这些小猫的行为反应几乎如同它们未曾经历任何抚摸一样，这意味着在 7 周这个时间节点开始进行抚摸干预，对它们的社会化进程已然为时过晚。艾琳·卡尔什的研究揭示了一个至关重要的结论：小猫的社会化敏感期精确地落在出生后 2~7 周这一狭窄的时间段内。

许多小猫在被送离母猫、进入新家的过程中，未能在这一至关重要的敏感期内获得与人类充分、积极互动的机会。鉴于小猫形成良好人猫关系的时间窗口如此短暂，也就难怪一些猫在成长后会对人类表现出恐惧、警惕乃至敌意。

在继续深入探究小猫的社会化进程时，艾琳·卡尔什不仅关注抚摸开始的时间节点，还对抚摸的频率和持续时间进行了细致的研究。她对比了两组幼猫在接受抚摸时的不同情况：一组每天仅接受 15 分钟抚摸，另一组则每天接受长达 40 分钟的抚摸。实验结果显示，后者在接近人类的行为上表现得更为积极，愿意被抱持的时间也显著长于前者。这意味着，大量的、持续的温柔抚摸确实能够有效地增强小猫的社交倾向。不过，卡尔什的研究显示，每天抚摸的最佳时长约为 1 小时，超过这个时间，继续增加抚摸量对小猫后续的友善度提升效果并不明显。此外，卡尔什还注意到抚摸者的数量对小猫社交性的影响。在实验中，她发现幼猫时期经历过多个抚摸者（即被多人抚摸）的小猫，相较于仅接触过单一抚摸者的同龄猫，通常对人类展现出更高的友好度。[203]

在实验室之外的自然环境中，尤其是对于自由放养的野猫、流浪猫，乃至生活在充满关爱的家庭中的家猫，母猫对待人类的态度对其幼崽日后对人的行为模式具有深远影响。一只对人类表现出友好态度的母猫，往往更容易孕育出同样友善的后代。这种现象部分归因于母猫自身与人互动的行为示范，母猫通过自己的积极反应，无形中鼓励幼猫效仿，与人类进行接触和交流。相反，如果母猫对人类持有警惕或敌意，则可能会选择将幼猫隐藏起来，积极避免幼猫与人类接触，甚至防止它们被人抚摸。这样一来，这些幼猫很可能错失至关重要的 2~7 周社会化窗口期。重要的是，只要在这个 2~7 周的时间段开始社会化———一旦开始，幼猫就可以在 7 周之后继续确立积极的早期经验。

即使在拥有友善母猫和早期受到人类充分抚摸的情况下，仍有一部分猫对人类的友善程度低于其他同类，这一现象引起了早期猫行为学家的关注，他们开始探寻造成这种差异的深层原因。

父亲的因素

除了通过直接与人互动的行为模式对幼猫产生影响外，母猫还通过遗传基因向其后代传递性格特征，其中可能包含了影响幼猫对人友善程度的部分因素。然而，要准确区分行为示范和遗传因素是一项颇具挑战的任务。相比之下，公猫对幼猫的日常抚养行为基本不介入。现实中，大部分公猫除了偶尔在户外偶遇自己的后代外，极少有机会与自己的幼猫有直接接触。因此，公猫对幼猫性格的影响几乎可以肯定主要通过遗传基因实现，而非在日常生活中对幼猫行为有直接影响。

作为桑德拉·麦肯（Sandra McCune）20 世纪 90 年代在英国剑桥大学博士研究项目的一部分，她对 12 窝明确父系的幼猫展开了深入研究，取得了令人瞩目的成果。这 12 窝幼猫的父亲分别是两只截然不同的公猫：一只被定义为"友善"，其特征表现为见到人时会竖起尾巴表示欢迎，主动围绕人腿蹭擦，甚至用爪子轻轻抓挠以示亲近；另一只则被标记为"不友善"，面对人的接近会刻意回避眼神接触，缩在笼子角落，耳朵平贴、身体紧绷，尾巴紧紧夹在身下。这两只公猫各为半数幼猫的父亲。每窝幼猫中有一半在 2~12 周龄每周接受 5 小时的人类抚摸与互动，另一半则在此期间未接受专门的社会化训练。由此，整个研究样本被划分为 4 个组别：社会化且父亲友善的幼猫；未社会化且父亲友善的幼猫；社会化且父亲不友善的幼猫；未社会化且父亲不友善的幼猫。当幼猫们长至 1 岁时，所有幼猫均按照相同的标准程序接受了一系列测试，以评估它们对熟悉的人、对陌生人的反应，以及对新奇物体的应对方式。不出所料，跟先前艾琳·卡尔什的研究结果一样，所有经过社会化训练的幼猫对人类表现出的友善程度均显著高于未接受社会化训练的对照组。然而，麦肯的研究进一步揭示了单独的遗传效应：由友善公猫所生育的幼猫，无论是否接受过早期社会化训练，其对人的友善程度均优于由不友善公猫所生育的幼猫。也就是说那些既接受了早期社会化训练又来自友善公猫的幼猫，对人的友善表现最为突出，堪称所有可能组合中最为亲人的幼猫群体。

然而，这项研究中最引人入胜的发现或许在于幼猫对新奇物体的不同反应。幼猫是否接受过早期社会化训练对其是否会主动接近并探索新奇物体并无显著影响，但由友善公猫所生的幼猫相比不友善公猫的后代，更倾向于快速且积极地接近并探索这些新奇物体。这表明这些幼猫从父代那里继承了一种普遍的倾向，即无论面对人类还是简单物体，都愿意主动接近并进行互动。麦肯敏锐地认识到，这种遗传特征实际上并不能简单地归结为"友善"，而更适合用"大胆"一词来形容。这是首次有研究成功地将猫性格中的遗传因素与环境因素区分开来。[204] 简而言之，大胆的公猫会繁育出同样大胆的幼猫，这些幼猫拥有主动接近事物的倾向，而社会化训练只影响猫对人的反应。反过来，这种社会化训练本身可能受到幼猫大胆

倾向的影响，使幼猫们更快地变得更有社交性。然而，只要在适当的时机给予足够的抚摸，畏缩的幼猫最终可能变得与较大胆的幼猫一样友善。就这样，猫的畏缩与大胆倾向反映了人类看到的现象。就像卡根的研究表明的那样，猫遗传的畏缩性格可以在适当的环境条件帮助下克服。

麦肯的实验表明，了解公猫的性格在一定程度上有助于预测其幼猫会有多友善。在科学研究环境或者纯种猫繁育者严格控制的条件下，这种预测相对直接且可行。然而，实际情况往往更为复杂。在不受人为控制的自然环境中，尤其是当母猫被允许在户外自由活动时，她们会自行选择交配对象，这使得预测幼猫性格变得更具不确定性。

当家中怀孕母猫的主人目睹某只常在自家花园出没的公猫时，他们往往会自然而然地认定这只公猫就是即将出生的幼猫的父亲。尤其当这只公猫具有某种特定特征，比如橘色的皮毛，而母猫所产幼猫恰好以橘色或玳瑁色为主时，在他们看来更是坐实了这种推测。然而，卢多维克·塞伊（Ludovic Say）及其研究团队进行的一项研究揭示，幼猫父亲的真实身份及其背后的故事远比人们想象的要复杂得多。

在"猫口"密度较低且未绝育母猫相对稀少的地区，如农村地区，未绝育的公猫往往会占据大片领地，这片领地通常会涵盖多个母猫的活动范围。在正常情况下，未绝育的母猫对公猫并无太多兴趣，除非她们进入发情期。一旦进入发情状态，母猫的态度就会发生显著转变，她们会变得极其主动，积极吸引公猫前来交配。更为特别的是，母猫在发情期内并非仅与一只公猫交配一次就结束，如果周围有多个可供选择的公猫，母猫可能会多次与不同的公猫进行交配。这种看似"滥交"的行为背后，实际上蕴含着生物学上的实用考量。猫与其他一些哺乳动物不同，其排卵过程并非自发进行，而是由交配行为触发，即所谓的"诱导排卵"。当母猫进入发情期，与她领地有重叠的公猫会察觉到这一变化，并通过各种方式来捍卫自己优先与该母猫交配的权利。

在城市或郊区等"猫口"密集的小区域，母猫发情期的交配情况与前述农村地区的情形就大不相同了。当这样的区域内有若干母猫同时进入发情期时，即使是体形大、极具侵略性的公猫，也难以独占所有母猫的交配机会。这种情况下，围绕发情母猫常常会形成一个由多只公猫组成的临时群落，交配机会在群内公猫间得到共享。这为大胆主动的公猫和相对害羞内敛的公猫均提供了一个为未来种群基因库贡献力量的机会。

塞伊及其团队通过分析 DNA 样本[205]，成功鉴定了农村地区 83 窝幼猫的父本归属，这些样本涵盖了 52 窝城市出生的幼猫和 31 窝农村出生的幼猫。在城市出生的幼猫中，高达 77% 的案例出现了多父繁殖现象，即同一窝幼猫拥有不止一个生物学父亲，甚至有一窝幼猫竟然有 5 个父亲。相比之下，农村出生的幼猫中多父繁殖的比例显著降低，仅为 13%。如果不测试 DNA，几乎无法找出城市地区某一窝小猫的父亲是哪一只。不过农村猫群虽然多父繁殖率较低，但也不排除有未被观察到的公猫参与繁殖。

总而言之，挑选幼猫时，由于受到早期与人类互动、母亲熏陶、基因遗传及父系特质等多重因素的影响，其性格特征确实带有一定的不确定性，仿佛是在"摸彩票"。常有人向我询问：如何能预知一只幼猫长大后的脾性呢？坦白讲，幼猫尚处成长阶段，犹如初生婴儿般，其性格正处于形成之中，实在难以精准揣摩[206]。比如，约翰·布拉德肖与莎拉·洛（Sarah Lowe）在对一窝幼猫进行的长期观察中就发现，猫的胆量这一特质，在进入新家的头两年内，基本保持稳定，并无显著变化。随着猫对周遭环境的逐步认知与适应，其性格的其他方面则可能经历更为缓慢的演变过程。通常情况下，像布西和小黑这类幼年时期关系亲密的手足猫，随着年岁渐长，彼此间的关系可能会日渐疏离，各自的喜好与性格特征也逐步定型，呈现鲜明的个体差异。

首要之事在于保证小猫自 2 周龄起便开始接受众人温柔的抚摸，同时尽早接触家中各种声音与景象，以便它们能尽早融

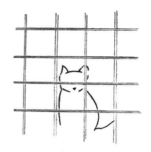

入人类生活，培养出亲人的性情。不少爱猫人士选择收养成年猫，此举既为受救助的猫提供了重生之机，又因成猫性格已定，领养者能更直观、全面地了解并接纳它们的脾性特点。然而，成年猫再觅新家并非易事，往往需要领养者付出更多努力去说服收容所。那么人们挑选猫时，究竟在意些什么？反过来，当猫"挑选"主人时，它们又会关注哪些方面呢？

斑斓的皮毛

"那您二位想要什么样的猫呢？"我询问一对即将从收容所领养猫的夫妻。"哦，我们倒不是特别挑剔。对我们而言，最重要的是性格。"那位女士回答，"我们希望拥有一只年轻、友善的小猫，能在我们回家时迎接我们，晚上还能乖乖坐在我们腿上。""太棒了！我恰好有一只非常适合你们的猫。"我兴奋地说着，随即引领他们走向猫舍，去与他们理想中的毛茸茸家庭成员相见。小石头真的没有让我们失望——至少没让我失望。我打开她笼子的门，她自高处休憩的纸盒里跃下，慵懒地伸展身躯，竖起尾巴，径直走向正蹲在地面的那位女士，顺势爬上她的膝盖蜷缩其中，犹如快艇般发出欢快的呼噜声。我欣慰地笑了，期待着美好一幕的降临。然而，这一幕并未如期而至。那位女士站起身来，将小石头缓缓放回地面，断然道："我们不能收养这只猫——她是玳瑁色的，听说这类颜色的猫往往不够友善。""可是……"

如果为一位潜在的猫领养者设计一份调查问卷，询问他们在挑选猫时最为关注的特质，性格绝对是最重要的。然而，当他们面对一排色彩与花纹各异的猫时，其他考量因素便会显现，影响他们的抉择。尽管人们普遍认为性格相较于毛色更具决定性，但现实似乎揭示了一种现象：至少对某些特定毛色的猫来说，这两者之间存在着某种关联。将不同毛色与特定性格联系起来的做法由来已久，已深深根植于人们的认知之中。

尽管玳瑁猫与三花猫凭借其独特的斑斓毛色引人注目，但它们所被赋予的性格特点却长期以来遭受负面评价。早在 1895 年，拉什·希彭霍珀博士（Dr. Rush Shippen Huidekoper）在其关于猫的书中便将玳瑁猫刻画为"缺乏亲和力，有时显得狡猾，甚至性情恶劣"。[207] 时至今日，"捣蛋鬼玳瑁"和"玳瑁式傲娇"等说法还在坊间流传，继续给这类花色的猫贴着不讨喜的标签。近期，迈克尔·德尔加多（Mikel Delgado）教授与其研究团队开展的一项关于人们对各类猫毛色认知偏好的调查结果显示，玳瑁猫与三花猫（亦称三色猫）在冷漠和不宽容维度上的评分依然居高不下，而在友善度评价上则显著偏低。[208]

反观橘猫，那叫一个人见人爱。希彭霍珀博士早年就夸它们是"温文尔雅的居家良伴"，这句赞语穿越时空，至今仍被广泛认同。德尔加多教授的科研数据也力挺了橘猫：与其他毛色的猫相较，橘猫在畏缩及冷淡行为上的倾向较弱，而在亲和力指标上明显占优。后续针对养猫人士的问卷调查显示，橘猫在友善度、性格沉稳程度以及可训练性方面均拔得头筹。[209]在我任职的收容所，橘猫始终保持着极高的人气——前来咨询领养事宜的爱心人士，十有八九会问一句："你们那儿有橘猫待领养吗？"

希彭霍珀博士对猫的性格有一套独特的见解，尤其对黑白猫的评价更是不一样："它们深情又爱干净，可骨子里透着一股小自私，不太适合给小朋友们当玩伴。"好在，这番略带贬义的评价并未流传太久。

然而，黑猫的日子就不太好过了。它们长期被误解为巫术的代言人、邪恶的化身，甚至在某些地方被视为霉运的源头，想摆脱这些"黑锅"不容易。如今不选择黑猫的一个越来越普遍的原因是，黑猫很难拍或很难与人一起自拍。还有一些证据表明，黑猫的心情难以揣摩，让不少潜在主人对领养黑猫一事望而却步。[210] 有一项专门针对收容所黑猫领养情况的研究显示，黑猫找到新家的速度比非黑猫慢了 2~6 天之久。[211]哪怕是那些穿了"燕尾服"的黑白猫，或是有花纹的黑猫，找到新家的时间也比全黑猫快个 3 天左右。无论成年猫还是小奶猫，黑猫们都面临类似的困扰。

这些毛色与性格之间的关联有没有事实依据呢？对此，科研人员展开了探索。虽然某些毛色可能与对人类的攻击性的增加有轻微关联，不过，若要单凭毛色断定一只猫的内心世界，并不靠谱。

相反，品种和性格的联系才更为紧密。那些传承已久、人们耳熟能详的猫界"名门"，其独特的性格标签早已深入人心。例如，暹罗猫对主人给予的关注与互动有着近乎痴迷的渴求，而波斯猫以温婉娴静、不爱喧闹的气质赢得了"慵懒美人"的美誉。随着新兴猫种不断出现，这也为科学家提供了一个研究猫行为潜在遗传效应的机会。例如，通过对猫主人的调查，米拉·萨洛宁（Milla Salonen）和合作者发现，不同品种的猫对与人接触的渴望程度差异很大，其中科拉特猫和德文雷克斯猫比英国短毛猫更倾向于寻求与人接触。[212] 此外，品种的性格特征往往相互关联。例如，对于以个性悠闲著称的布偶猫，育种者们偏爱挑选性情随和、闲适度高的个体繁衍后代，期待培育出性情温和的小猫。然而，如同硬币的两面，这种猫的低运动量倾向似乎与它们主动寻求人类关爱的程度成反比。也就是说，在追求恬静小猫的过程中，育种者可能无心插柳地培育出了不亲人的小猫。

在猫的遗传研究领域，科学家们正聚焦于特定基因区域，探寻那些可能塑造猫独特性格的遗传密码。其中，催产素受体基因的一个特定变异版本尤为引人关注，它与一系列"烈性"性格特质紧密相连：易怒、强权倾向、果决以及情绪起伏不定等。[213] 这为未来深入探究更多猫行为特征与基因的关联开启了无限可能。

物以类聚，人宠以群分？

在迪士尼经典的《101斑点狗》开场画面中，那位狡黠的达拉马犬庞戈凝视窗外，目送着形形色色的狗狗及其主人走过。每一位主人与其身边的宠物竟惊人相似。这个场景常被当作笑谈，调侃人们似乎总能找到与自己面容相仿的狗狗。在一项对狗主人的调查中，至少对纯种犬来说，第三方观察员竟然能在一堆照片中准确无误地将主人与其爱犬配对。[214] 人们越来越关注主人的性格是否也与他们的宠物相似。随着这一现象在狗身上得到确证，研究者们的目光转向了猫。他们开始发问：我们是否潜意识里倾向于选择那些性格与我们自身契合的猫呢？

一项针对拥有猫的女大学生的小规模研究，设计了调查问卷，让参与者依据 12 项具体的性格特征对自己以及自己的猫进行评价。参与者的猫分为两类：暹罗猫和混种猫。拥有暹罗猫的女大学生在评价自己和猫时，对"聪明"、"情感丰富"以及"友善"这三个特性给出了相当接近的分数。混种猫的主人在评估自己与猫时，主要在"攻击性"和"情感丰富"这两个方面给出了相似的评分。研究结果指向了两种可能性：要么主人以看待自己的方式看待宠物，要么主人选择了与自己相似的宠物。[215]

鉴于人类和猫有着多种多样的性格类型，科学家们开始研究不同性格之间是如何互动的，就像他们对人际关系的研究

一样。他们的发现非常有趣。研究表明，猫和它们的主人并不是随意的性格组合，主人的某些性格特征与猫的性格显著相关。[216] 其中，"神经质"这一性格维度如同一条隐形的纽带，对人猫关系产生了深远影响。在人类社交场景中，神经质特质如同一把双刃剑，高分者往往更容易引发他人消极的评价，对人际关系

190

造成一定的压力，包括与宠物的相处。对于神经质得分较高的猫主人来说，他们与猫的关系就像绷紧的琴弦，充满了依赖与关切。他们密切关注猫的健康状况、行为表现乃至日常生活中的点滴细节，心中常有对猫是否安好的忧虑。尽管这些猫欣然接受主人的温情呵护——如拥抱、亲吻和爱抚，享受着主人无微不至的关心，但这种关系的基调难免被主人的焦虑情绪所渗透。长期处于这种氛围中的猫，如同海绵般吸收了主人的情绪色彩，逐渐显现出与主人相似的敏感与焦虑特质，仿佛是主人性格的一面"镜子"。

在探究焦虑主人与猫之间错综复杂的关联时，一项专门的研究揭示了这样一种现象：焦虑的猫主人更倾向于限制猫的户外活动自由，同时对猫可能出现的行为异常、健康问题，尤其是与压力相关的状况表现出过度担忧。[217] 这些发现与先前在父母子女关系领域的研究成果形成了呼应。在那些研究中，同样表现为高神经质的父母，出于对孩子福祉的深深忧虑，往往采取更为严格甚至是过度保护的育儿策略。

神经质得分高的猫主人与猫的关系往往笼罩在紧张气氛之下，这种关系中的互动相对匮乏。这类主人相较于猫更频繁地主动发起互动。早前丹尼斯·特纳及其团队的研究揭示了一个有趣的规律：人猫之间的互动时长在很大程度上取决于互动是由哪一方率先发起的。由猫主导的互动通常比由人主导的互动更为持久。[218] 与此形成对比的是，在主人责任心维度得分较高的人与猫关系中，互动显得更为丰富多元，包含了更多样的行为表达。库尔特·科特沙尔（Kurt Kotrschal）等人在探讨这些结果时指出，主人谨慎、负责任的性格特质为猫营造出一种具备规律性与可预测性的环境，使人猫之间自然而然地建立起一套仪式化的互动模式。[219] 当主人在"开放性"这一性格维度上得分较高时，他们与猫的关系呈现截然不同的风貌——更为轻松自在。这类主人的猫通常展现出更放松的状态，较少发出叫声，注视主人的时间也相对缩短，这些暗示它们感到更加安心与舒适。

　　某些人类性格类型倾向于反映特定的猫的性格不太可能是巧合。最合理的解释是，主人在无意识中通过调整猫的生活环境，通过积极鼓励或消极抑制些性格特征的方式，对其行为进行了塑造。然而，这并非单向的"主人主导"过程。特别是在紧张的人猫关系中，猫能够识别并利用主人的需求和情绪。例如，猫可能察觉到主人对它们饮食需求的关注与焦虑，进而变得更加挑食，以此作为一种策略，与主人形成一种微妙的"协商关系"。这种围绕食物需求展开的互动循环，使得主人与猫之间形成更深度的相互依赖，同时也可能加重双方的焦虑情绪。相比之下，开放性得分较高的主人，往往对猫的日常照料较为随和，这样的态度可能会鼓励猫更加独立，更善于应对新环境和新情况。例如，当向房间引入一个新奇的物体时，这类主人的猫往往能更快地适应并表现出较少的应激反应，与那些生活在焦虑氛围中的猫形成鲜明对比。

　　面对五花八门的访客脾性和猫咪个性，为猫寻找合适的归宿无疑是一项兼具挑战与乐趣的任务。这正是收容所肩负的使命之一：尝试为每一位潜在的新主人牵线搭桥，找到那只性格与之默契相融的猫伙伴。在我昔日的收容所工作中，我尤为热爱这份差事。通常情况下，只需要与有意领养者稍作交谈，我便能从众多待领养的猫中锁定那只与对方最为契合的。我和同事们精心策划的"人猫良缘"，多数时候都能收获满意的结果。然而，世间万物总有些许意外，就像那位与玳瑁猫"小石头"相遇的女士，她突如其来的婉拒是意料之外的转折，迫使我们重新审视这份看似天造地设的"缘分"。然而，正是这些不期而遇的人猫情缘，让人不禁感慨万分。无论是在冬日清晨中的艰难早起，还是在公交车上的疲惫奔波，回想起来，一切的辛苦都很值得。这些在提醒我们，不管对猫与人类以及二者之间如何沟通了解多少，他们依然会因为不可思议的原因相互选择。

　　我沿着与猫舍平行的通道缓步前行，身后紧跟着一家三口。我在一间有着一只肥嘟嘟的虎斑猫的猫舍前驻足，她正热切地喵喵叫着，用身体蹭着栏杆，满怀期待地望着我们。我转头面向小女孩："这只猫名叫咪咪——或许你会想见见她？"一家人逐一走进猫舍，先是与咪咪亲密接触，随后又与我认为可能适合他们的其他猫互动。小女孩对每一只猫都表现得既温柔又耐心，却始终保持着沉默。直到走到通道尽头，前方再无猫满怀期待地守候时，小女孩突然顿住了脚步。"这里面住的是哪只猫呢？"她好奇地问。"哦，那是金妮，"我解释道，"她已经在这儿待了好几个星期了，但由于太过胆小害羞，至今还不敢走出来见人。她总是躲在后面的盒子里。""我可以看看她吗？"小女孩恳求道。我转向她的母亲征求意见。"当然可以，但你要知道，金妮非常怕生，不太友善，所以你必须非常小心，千万不能离她的盒子太近。"在她母亲的许可下，我小心翼翼地打开了猫舍门，让小女孩走了进去。她并没有试图靠近金妮藏身的盒子，那个盒子被置于架子上。相反，她只是安静地坐在地板上，轻轻地对金妮说："你好呀，金妮。"就在这时，那只黑白相间、此前对我们所有煞费苦心的引诱、抚摸和喂食均置之不理的金妮，竟悄无声息地从藏身之处钻了出来，跳下架子，径直走向小女孩。金妮围着小女孩亲昵地蹭擦起来，然后跃入她的怀中，舒适地蜷伏下来。我用眼神示意在场的所有同事，让大家共同见证这不可思议的一幕，大家无不瞠目结舌。小女孩抬头看向妈妈，嘴角微微上扬："我觉得金妮就是我们要找的那只猫。"

08 有它们陪伴的快乐

还有什么礼物能比得上一只猫的爱？

——查尔斯·狄更斯

研究生生涯的初始几个月里，由于整日沉浸观察与研究猫的世界，我发现自己在结束一天的学习回到家中时，总会怀念那份有猫相伴的温馨。于是，我下定决心，应该拥有一只属于自己的猫。一番搜寻之后，我终于收养了人生中的第一只猫。这是一只长毛虎斑品种的小公猫，我为其取名"小虎"，他是本地一只流浪公猫与一只家养母猫的后代。为何偏偏选择了他？就如同众多宠物主人被问及时常常给出的答案那样，即便仅仅 8 周龄，小虎身上就已散发出某种独特的魅力。他日渐长大，内心的野性愈发明显——他能连续数小时在外自由游荡，无人知晓他踏足过何方，经历了何种冒险。然而，在他约 9 岁那年，一个不幸的夜晚，小虎遭遇了一场车祸，失去了一条腿。但他康复得很快，凭借三条腿稳健行走，生活自如。

作为一只年轻的猫，小虎生性内向，鲜少与我的朋友们或是来访的客人互动示好。然而，对我而言，他却是无比亲近的——他高高竖起尾巴向我问候，绕膝蹭擦，户外探险归来时还会蜷在我的膝头。随着岁月流转，小虎虽逐渐增加了与其他人的接触，但他对我的那份独特情感始终未变，至少在某种意义上来说，他永远都是我的猫。

少有人愿意坦承对某个宠物有着特殊的偏爱，毕竟在旁观者眼中，这似乎是对其他宠物情感上的不公。然而，猫对此并无此类顾虑。有的猫一生中会对某个人情有独钟，不加掩饰；有的猫乐于接纳并回应任何投向它们的关爱的目光。无论哪种情形，猫都不屑于隐藏自己的情感偏好。在人猫关系的诸多谜团之中，长久存在的一个便是：猫究竟是如何或为何会对特定的人产生特别的吸引力——仅仅是因某些人与某些猫的性格匹配，还是存在某种更深层次的联结？学者们已经开始深入探究人猫关系的复杂内涵，包括其形成机制、影响因素以及多种多样的关系模式。

如同小虎这样的家养小猫，在告别母猫，踏入新居所后，它们会与人类有丰富的互动。它们各自独特的性格，以及将在新环境中与它们朝夕相处的各类人群，共同塑造了猫与主人之间关系的极大多样性。

鉴于影响猫与人互动方式的变量众多且复杂，对这一主题进行系统研究无疑是一项艰巨的任务，以至于鲜有研究者涉足。其中最为详尽的研究之一，恐怕要数克劳迪娅·梅尔滕斯和丹尼斯·特纳于1988年开展的工作。他们对于探索猫与人初次相遇时交流的启动机制抱有浓厚兴趣，为此设计了一系列模拟实验，以观察猫与人在人为设定情境下初次互动的过程。[220]

这项研究观察了成年男人、女人和6~10岁的孩子们如何与他们从未见过的猫相处。这一切在一间特别设计的观察室里进行，人们能通过一个单向可视窗偷偷录下参与者的表现。参与者落座后，一只来自学校猫群的猫会被放进来。开始的5分钟里，他们只能安静地看书，不能理睬猫。下一个5分钟，他们可以随意跟猫互动。

研究者探究当猫在前5分钟里得不到坐着的人任何回应或提示时，它们会怎么做。他们记下了每只猫对新朋友产生兴趣的表现，比如第一次靠近人、第一次社交和第一次与人接触的时间。每只猫的性格不同，所以行为也各不相同。有的猫很大胆，很容易接近人；有的猫喜欢身体接触；还有的猫喜欢玩耍。有趣的是，当人们没回应时，每只猫独特的行为方式在面对男人、女人和孩子时都是一样的。不过，当人们开始跟猫互动时，猫的反应就有点变化了。特别是，猫接近人的次数会因为人的年龄和性别而有所不同。总体而言，猫更愿意接近大人而不是小孩，更愿意接近女人而不是男人。这些差异可能源自男人、女人和孩子不同的相处方式。

当可以自由活动时，孩子们很容易坐不住。男人比女人坐得更久，女人和小女孩常常会蹲下来，与猫在同一水平面上互动。如果猫想休息或者躲起来，孩子们（尤其是小男孩）更可能追着猫跑。

大人和孩子接近猫的方式也不同。几乎所有的大人都会

先用声音来引起猫的注意，而只有 38% 的孩子会这么做。他们更多地会直接走向猫，马上开始跟它玩或者摸它。他们发出的声音也不一样——大部分大人都会用完整的句子跟猫说话，而只有三分之一的孩子会这样。另外三分之一的孩子只会说一个词或者发出声音，还有一些孩子跟猫玩的时候一声都不吭。总的来说，大人在跟猫玩的时候一直会跟它说话，而孩子们一旦开始摸猫，就不太会跟它说话了。

在完成了对模拟环境中猫与陌生人初次相遇行为的研究后，克劳迪娅·梅尔滕斯博士转向探究宠物猫与它们各自家庭成员间的日常生活互动模式。她花费整整一年的时间，亲自探访并细致观察了 51 户家庭，这些家庭规模各异，拥有的猫数量也各不相同。总计，梅尔滕斯博士积累了超过 500 小时的实地观察记录。这些观察数据进一步验证了梅尔滕斯博士早先关于人类与猫互动风格差异的研究结论。一如预期，儿童在与猫互动时展现出更高的活力与动作频率。相比之下，成年人，尤其是女性，更倾向于首先通过言语与猫建立联系。[221]

随着我们从童年步入成年，我们似乎愈发意识到，与猫交往时，最佳做法是先以语言引起它们的注意，给予它们回应的机会，然后再进行更直接的身体接触。这一认知过程竟与猫成长过程中调整与人类互动方式的过程惊人相似：小猫逐渐学会以优雅的"喵喵"声代替攀爬大腿来吸引我们的目光。这或许是一种深藏于猫与人之间的默契礼仪法则。

梅尔滕斯博士详细记录了家庭成员与猫互动的每一个微小细节，包括每一次猫或人类主动接近对方、保持一定距离，以及两者相距不足一米的情形。通过对比人类接近猫与猫相应反应的契合度，梅尔滕斯计算出这些互动元素的互惠性。研究结果显示，猫与成人间的互惠性显著高于猫与 11~15 岁青少年以及与 6~10 岁孩子之间的互惠性。

在对互动互惠性的探讨中，[222] 丹尼斯·特纳借鉴了源自猕猴研究的"目标融合"概念。[223] 这一概念强调了伙伴间在行动目标上的高度协调与一致。特纳及其团队对大量猫与主人互动的实例进行了细致入微的分析，揭示了双方是如何敏锐感知并积极响应彼此渴望互动的信号。研究显示，在某些猫与主人的组合中，存在着一种高度互惠的互动模式：不仅猫对主人发起的互动意图反应积极，当猫有互动需求时，主人也能迅速且积极地予以回应。这种互动宛如一种默契的"互助挠痒"行为（比喻，非字面意义上的挠痒），促进了猫与人之间高频且愉快的交流。在其他案例中，双方对彼此互动意愿的识别和配合可能较为有限，导致互动频率相对较低。尽管如此，这些关系并未因此失衡或破裂，反而在较低的互动水平上达成了某种稳定的平衡。猫与主人都对该互动频率感到满足，这足以支撑他们之间的关系保持稳定。这一现象印证了猫与主人间的互动随着时间的推移往往会形成一种趋于固定和仪式化的模式的观点。随着主人与猫共同生活时间的增加，他们逐渐熟悉了对方的习性与喜好，互动方式也随之固化为一种可预见且已定型的日常惯例。

为了更深层次地探究人与猫之间的互动机制，曼努埃拉·韦德兰（Manuela Wedland）及其研究团队采用了更为精密的技术手段。他们特意选取猫临近正常进食的时段，录制下猫与其主人之间的互动视频。这些视频随后运用一款名为"Theme"的软件进行深度分析，该软件擅长识别并解析出那些在自然观察中难以被人类肉眼捕捉到的非随机时间模式，即一系列特定的行为序列，并对这些序列的复杂性与结构性进行量化评估。韦德兰等人的研究揭示了一个有趣的发现：在单位时间内，猫与女性之间的互动所包含的行为模式要多于猫与男性之间的互动。[224]这一结果与梅尔滕斯先前的研究结论相呼应，进一步证实了猫在与女性互动时往往表现出更高的舒适度与接纳度。

诚然，现实生活中的猫主人并不会机械地依照研究中揭示的年龄与性别刻板印象来与自家猫互动，无论男女老少，皆与猫建立起各具特色的亲密关系。正如猫行为学家丹尼斯·特纳所言，实验中的猫并不偏爱某个固定的性别或年龄，它们依据人类个体展现出的不同互动风格做出适应性反应。[225]譬如，猫显然更青睐人们俯身贴近其视线高度展开交流，欣赏人们在接触前以轻柔的声音示意，以及在它们渴望独处时，人类能不进行无谓打扰。这些细节赋予了猫在互动中恰如其分的掌控感，使其更为舒适惬意。

同样值得注意的是，特纳及其团队在人猫互动研究中发现了若干简单却又关键的规律，其中一条对人们改善与猫互动具有重要指导意义：由人类发起的互动往往持续时间较短，相比之下，由猫主动发起的互动更可能持久。换言之，猫更倾向于占据互动的主动权。

轻柔至上

本章所探讨的研究成果向我们传达了一个至关重要的启示：在急切地寻求与猫进行互动并期待获得它们的积极反馈之前，人类应当审慎思考如何以最适宜的方式来陪伴这些毛茸茸的伙伴。一个生动具体的例证便发生在我计划度假时为我的猫"小虎"寻找临时照料者的经历之中。

以往逢年过节外出旅游，只要托付邻居或好友隔三岔五来家里喂喂食、照看下宠物，一切便妥妥帖帖。可自从我家小虎得了糖尿病，每天得打 2 针胰岛素，度假的事就变得复杂起来。好在小虎对打针表现得异常淡定，非常配合。可我心里总觉得托邻居来做这事，有些唐突。眼看假期临近，我琢磨着得找个专业人士来帮忙。恰巧去宠物医院的时候，我瞥见一张提供上门宠物护理服务的广告，关键是还能做医疗护理，这不就是我想要的吗！于是，我请来了号称口碑极佳的格雷格上门先跟小虎见个面。说见面，其实就是格雷格满屋子追着躲躲闪闪的小虎，试图跟他套近乎。"这猫刚开始有点认生，"我赶

187

忙解释，"你稳稳坐着，等他愿意了自然会凑过来。"格雷格一听，满脸写着"你在开什么玩笑"，然后继续扯着嗓子跟小虎套近乎，结果当然是竹篮打水一场空。尽管直觉告诉我或许应另觅他人，但考虑到人家都是五星好评，应该错不了。我最终还是选择相信他，签订了为期10天、每日上门2次注射胰岛素及喂食的协议。谁知度假第一天刚过去大半天，我就接到格雷格火急火燎的电话："你家这猫真是难伺候，我逮不住他打针，硬逼到墙角，他就冲我哈气喷沫子。"人在千里之外度假的我，真不知道能帮他什么。我又耐着性子教他怎么取得小虎的信任，首要原则就是"别硬来"。遗憾的是，格雷格的应对策略竟然是戴上长筒防护手套，在家中各处对小虎展开围追堵截。10天后，当我结束度假回到家中，迎接我的是身心疲惫、满腹怨气的小虎。显然，这次的上门护理服务并未达到预期效果，反而让他极度紧张和不满。

心中充满歉疚的我，在筹划下一次离家行程时加倍用心，广为搜罗、细究推荐，遍览众多选择，终于找到一家由乔伊斯女士在其家中精心运营的小规模定制式猫寄宿服务。对于是否能够顺利将小虎带至陌生环境并安然留下，我心中尚存疑虑，所以提议先进行一次周末试住。乔伊斯的住所犹如一片宁静安谧的庇护所。进门后，我把装着小虎的猫包轻轻放下，让他先适应片刻再放出。乔伊斯全程并未对小虎过分关注，而是任其谨慎地在新环境中嗅探熟悉。"放心吧，他在这不会出问题的。"她一边安抚着我这颗老母亲的心，一边轻轻将我推至门外。

我忧心忡忡，煎熬了一天之后，在第二天晚上拨通电话。

"喂，小虎怎样啦？"电话那头隐约传来微波炉的提示音。"稍等一下，"乔伊斯答道，"我正给小虎热鸡肉呢，晚饭吃的。"她随手搁下电话，我依稀听见她离座唤小虎。"小虎，来吧，晚饭备好啦。""他……他还在外面吗？"待她重新拿起电话，我紧张地追问，脑海中浮现出小虎攀上花园栅栏，消失在暮色中的画面，不由得一阵心慌。"没事，我就是趁做饭的工夫让他出去透透气。等他想进来的时候，自然会回来接受胰岛素注射，然后享用鸡肉大餐。昨晚也是这么操作的，后来他就窝在我身边沙发上的专属'小虎宝座'，我们俩处得可好了。周一见喽。"

对于小虎而言，乔伊斯和其他所有人一样，都是第一次相遇的陌生人。乔伊斯允许他以自己的步调来亲近——当然，这当中也少不了鸡肉美食的诱惑这种"外交手段"。

猫对于人类的亲昵行为持有不同的态度。一部分猫面

对不合心意的互动方式，会毫不犹豫地选择回避，甚至直接展现出攻击性，以此明确传达反感。近期一项研究则揭示了另一种猫群体的存在：它们在面对人类抚摸时，既不表现出特别的喜爱，也不明显抗拒，就那么默默承受着。这类"忍者型"猫，研究人员通过它们排泄物里的糖皮质激素代谢物含量，发现了它们在面对此类接触时内心压力增大的生理证据。[226]

为了提高猫在与人类互动过程中的舒适度，卡米拉·海伍德（Camilla Haywood）及其团队精心设计并验证了一套便于记忆的"最佳互动守则"，简称 CAT。这套守则着重强调以下 3 个核心要素：C（Control），确保猫在互动中享有充分的自主选择权与控制力；A（Alert），在与猫互动中，始终保持对猫行为与情绪变化的高度敏感与及时响应；T（Touching），遵循第 5 章所述原则，将抚摸重点放在猫尤为偏爱的部位，如耳朵、下巴和脸颊。[227]

这套守则建议，与猫互动之初，人类应以柔和的动作伸出一只手，静待猫主动接近，开启温馨互动时刻。除非猫主动示好，如主动蹭人，否则不应贸然抚摸。若猫选择离开，应尊重其意愿，给予其独处的空间。在抚摸过程中，须密切关注猫的行为信号：若它持续蹭人，表明其乐于继续互动；一旦停止蹭人并走开，或出现耳朵平贴、毛发炸立、尾巴抽搐等负面肢体语言，即为停止抚摸的明确信号。此外，猫开始自发梳理毛发，也可能意味着它想要停止这次互动。

研究人员在动物收容所中开展了一项实验，他们让部分人在接触新来的猫前接受了一段简短的 CAT 培训，以探究这是否会对猫后续行为产生影响。与此同时，另一组未受训的人与猫之间的互动也被全程录像，以作对照。随后，经过专业训练的观察员对这些互动视频进行了细致分析，并给出了客观评估。结果显示，相较于与未经培训的人的互动，在那些经过 CAT 指导的人接触猫时，猫表现出更多的友好举动、更少的攻击行为，且整体上呈现的负面肢体语言也有所减少。这份守则倡导的互动方式可能比一般人惯常使用的抚摸手法更为谨慎、更尊重猫的意愿，因为实验数据有力证明，让猫在互动中占据主导地位，才是打开人猫和谐相处大门的正确密码。

家　猫

　　我们缘何钟情于猫？起初，人类与野猫的结盟显然是出于实用主义考量——抵御鼠害。然而，曾经备受尊崇的猫的狩猎天性，如今却常常被视为其最不受待见的一面。与狗不同，猫并没有被特意培养去做一些特定的工作，比如管羊、看门、闻东西或者找东西。即便是那些高贵的纯种猫，我们养它们也不是因为它们有什么特别有用的本领，而是因为它们长得好看。

　　有时，为了证明猫与狗同样具备实用价值，猫的拥趸们会颇费苦心地为其寻找"社会角色"。在这方面的尝试中，比利时国内家猫权益提升协会于 19 世纪 70 年代的创新之举堪称典范。该协会坚信猫的潜能被严重低估，于是为它们创造了一个"职业"。鉴于猫有出色的寻家本领，他们做了个实验，测试了 37 只猫是否拥有派送邮件的能力。这些猫被运送

到离家乡一定距离的地方，结果一只猫只用 5 小时就回到了家，其他的猫也在 24 小时内全通过了测试。基于这一初步成功，协会雄心勃勃地规划扩大项目规模，打算在每只"邮递猫"身上系上一封封装在防水袋中的信件，然后放它们外出执行"投递任务"。[228] 尽管这一实验成功证明了猫的归巢能力，但不出所料，这一构想终究未能作为邮政系统的替代方案付诸实践。

　　相比于其他可能承担的职责，家养宠物猫似乎只专注于一项使命，而且无疑是极其重要的使命——陪伴。如今，大多数人饲养猫，正是出于这份渴望温暖相伴的情感需求。我的小虎也不例外，他同众多家猫一样，起初只有一位主人——我，但随着时间流转，他逐渐融入了一个全新的、多元化的家庭。在社会学领域，人们常用"家庭生命周期"这一概念来描述家庭成员在不同生活阶段的角色转变，如离家独立、婚恋结合、生育子女等重要节点。近年来，学者们也开始关注宠物在家庭结构演变过程中的角色变迁。[229]

　　举例来说，当初我领养小虎的时候，尽管他对与我当时的男友共享我的关注有所抵触，但终究还是以优雅的姿态接纳了这一事实，而男友后来也成了我的丈夫。小虎对后来加入家庭的查理，一只在我领养他一年后收养的温顺小母猫，始终表现出不大友好的态度，但还是勉为其难地与其共处了长达 13 年的时间，直至查理因病离世。在这漫长的 19 载光阴里，小虎见证了家庭生活的日益纷繁：4 个孩子的出生、从英国迁居美国，5 年后再迁回英国，以及 8 次搬家。在这个过程中，小虎从独享我的大部分关爱，到逐渐学会与越来越多的家庭成员共享关注。随着年岁增长，步入老年的他也经历了显著的生理变化——昔日矫健的四足猫如今只剩三足，患上了糖尿病，牙齿也所剩无几。就如同所有共同生活了多年的人与宠物，我们与小虎不仅深深理解了彼此间独一无二的习惯与脾性，更孕育出一种超越言语、无法割舍的深情厚谊。

自小虎这个毛茸茸的小家伙 8 周大时来到我家，我就觉得自己对他了如指掌。我们之间建立了理解与尊重，这如同一条无形的纽带。当然，这份情感并非单向，小虎用他的"猫生法则"同样给予了我回应。然而，我的丈夫和女儿们对小虎的认知却有所不同。

那么，对于寻常人家的猫而言，它们在家中的定位究竟是什么呢？在一项颇具吸引力的研究中，埃丝特·博马（Esther Bouma）和她的同事们向猫主人提出了这样一个问题：在"家庭成员""最好的朋友""孩子""宠物"这四个类别中，他们认为自家的猫属于哪一类？结果超过半数的受访者选择了"家庭成员"，这一结论与其他研究者的发现不谋而合。更令人惊奇的是，约有三分之一的主人将他们的猫视为"最好的朋友"或"孩子"。[230] 由此可见，宠物猫已不再是人们生活边缘的点缀，它们已跃升为家庭生活的核心元素。这对于猫而言无疑是个喜讯，意味着它们将享受到更优渥的照顾、更多的关注史蒂夫，我的丈夫，自小虎还是幼猫时就已熟识他：

"小虎是一只无比出色的猫。他似乎始终与你更为亲近，但这并不妨碍我对他怀有深深的爱意。他的确很酷。随着岁月的流逝，他的性情愈发温和，然而直至生命的尽头，对我始终保持着一种疏离感。"

艾比，出生时小虎大约 6 岁：

"小时候我对小虎有点害怕。我很害怕他会抓伤我，但我其实也清楚，只要不去惹他，他就不会伤害我。后来，在他生命的后期，我对他的感情愈发深厚。我记得每天晚上坐在他的篮子旁边，临睡前轻轻抚摸他。那种温情脉脉的感觉是我们小时候未曾体验过的。"

爱丽丝，出生时小虎 7 岁：

"我小时候很怕小虎，因为他不喜欢我们摸他。不过，随着我们一起成长，他变得越来越温和，我也不再恐惧，能够安心地抚摸他。在他生命的最后阶段，我印象里他偶尔会有点犯迷糊。有时我们会发现他在奇怪的地方，做奇怪的事情，但大多数时候，他只是静静地找个地方打个盹。"

海蒂，出生时小虎 11 岁：

"他脾气暴躁，行动迟缓，很容易翻脸，但我从不害怕。关键是要挑对时机。随着时间的推移，他变得越来越温和。"

奥利维亚，出生时小虎 16 岁：

"我只记得我在花园里看到他赶走了狐狸。"

与更充分的医疗保障，其存在价值得到了充分认可。然而，正如这项研究的作者所警示的，过度亲密的人猫关系也可能潜藏着风险。当主人将猫视作"迷你版人类"而非真正的猫时，猫的需求与行为模式很可能会被误解。

测量关系

主人从宠物身上获得的陪伴体验各不相同，这一现象使得科学家们开始研发各类量表，以期精准衡量宠物与主人之间的互动关系。多数此类量表主要关注普遍的宠物状况，对猫与主人之间特有的纽带探讨尚有不足。不过，有一种专为猫定制的量表——猫–主人关系量表，[232] 由蒂凡妮·豪厄尔（Tiffani Howell）及其研究团队借鉴狗–主人关系量表定制。[231] 在使用该量表时，研究者首先会请主人填写一份全面的调查问卷，该问卷覆盖主人与猫关系的各个层面。接下来，依据问卷回复，会在 3 个相互独立的子量表上分别打分。具体而言，"宠物–主人互动"子量表聚焦于互动行为，如提问"你与猫多久进行一次游戏"等；"感知情感亲密度"子量表则围绕主人对"我的猫赋予我清晨起床的动力"这类情感联结的主观感受进行评估；至于"感知成本"子量表，除了其他相关陈述之外，主人还须就"我的猫常常把家里弄乱"这类问题陈述自己承受的压力水平。

包括消极和积极成分在内的整体平衡可以反映主人与猫之间关系的好坏程度。作者基于社会交换理论建立了这一模型，该理论规定，任何关系只有当感知到的积极方面（如情感亲近）超过消极方面（如关系成本），或者消极和积极成分相当时，这个关系才能维持。[233] 不幸的是，通常是那些净消极关系中的猫最终会进入收容所寻找新家，而我们很难确切知晓猫对自己与主人关系的满意程度。对于感到不快乐的猫来说，如果条件允许，它们可能会通过直接离家出走，寻找街头巷尾的另一户人家来表达自己的不满。其他猫可能就没有这般"说走就走"的自由，只能在现有的环境中尽可能地适应与应对。

当主人与宠物间的相处充满爱意与欢乐，人们常将这种美好的互动称为"宠物效应"。然而，要严谨地量化这一效应，尤其是深入探究宠物对主人情绪健康的影响，是一项很具挑战性的任务。科研人员通常会借助问卷调查，邀请主人细述宠物在他们生活中的种种"治愈瞬间"。很多主人反馈，有了宠物的陪伴，他们的孤独感显著减轻，自尊心得到提升，抑郁情绪也有所缓解。不过，这些问卷的回答实质上是主人对与宠物共度美好时光的回忆——他们在回溯猫为自己带来的温馨与慰藉，而非在与猫互动的过程中实时记录内心波动。需要注意的是，有些主人在回忆具体细节时可能感到困难，甚至有可能对过去的经历有所美化，故而尽管问卷调查在收集信息上作用显著，其结果仍可能存在一定的主观性和不确定性，难以做到完全精准的量化分析。

一组科研人员另辟蹊径，采用了一种新颖方法来探究"宠物效应"：实时研究。他们邀请了养狗、养猫或两者兼有的参与者加入实验。研究采用了名为"经验采样法"的技巧，要求这些人在连续 5 天内，每天随机选取 10 个时间点，记录下当时正在进行的活动、自身感受、宠物是否在场，以及是否与宠物互动。[234] 同时，他们提供了 11 个正面及负面情绪词语供参与者描述彼时的心情。研究结果生动有趣，揭示了"宠物效应"或许比我们预想的更为细腻复杂。即使主人并未与宠物进行直接互动，仅仅是宠物在身边陪伴，就足以有效减轻主人的负面情绪，但并不会显著提升他们的正面情绪。然而，当主人与宠物展开互动时，不仅负面情绪得以减轻，使用正面情绪词语的频次也显著增多。尽管可能是主人在心情较好时更愿意与宠物互动，但更合理的解释是，与伴侣动物的互动本身就对主人的情绪健康产生了积极的推动作用。不过遗憾的是，研究并未对猫主人和狗主人的数据进行单独解析，若能进一步探究这一效应是否同样适用于猫主人，无疑会使研究更具趣味性和深度。

211

猫与人的纽带

随着全球伴侣动物数量的增加，科学家对主人与其宠物之间纽带的发展产生了兴趣——什么因素会影响依恋程度，依恋又如何影响主人与宠物之间的关系？具体来看猫，研究发现，主人的性格有助于预测他们对猫的依恋程度。例如，第 7 章讨论的"大五人格模型"中的尽责性维度似乎对人猫关系尤为重要——在这个维度得分高的人对猫的依恋程度一致较高。在神经质维度得分高的人（包括焦虑特质）也倾向于表现出高水平的依恋，也许是因为他们会从宠物那里寻求额外的情感支持。[235]

与猫经常有身体接触的人往往比猫避免这种接触的主人更依恋猫——这让人愉快地想起了第5章提到的触觉力量。[236] 此外，研究还显示，更依恋猫的主人会赋予猫更多人性化的特质——换句话说，比不太依恋猫的主人更喜欢拟人化猫。

我们心里都知道自己对猫的感情如何。但在与猫相处的过程中，最令人困惑的问题之一是它们是否真的关心我们。在这方面，狗要直率得多。总的来说，它们把心事挂在脸上：跟着我们转，紧盯着我们，而且不幸的是，当我们离开时，它们往往会感到不安。由于猫以独立和冷漠著称，人们通常认为宠物猫对人类并无实际依恋。对此，一些科学家进行了测试。

有几项研究设计了实验来检验猫是否会对主人表现出经典的依恋行为。"依恋理论"是心理学家玛丽·安斯沃思（Mary Ainsworth）在最初研究儿童与其照顾者心理关系时创造的一个术语。在她的陌生情境测验（Strange Situation Test, SST）中，一个孩子被置于一个包含玩具的不熟悉房间中，与母亲或其他照顾者在一起。在整个实验过程中，孩子一直待在房间里，然后对其在照顾者暂时离开和返回以及陌生人介入情况下的反应进行测试，观察孩子在面临不熟悉情况时是否会将照顾者作为安全基地，以及他们表现出何种类型的依恋。[237]

研究人与狗之间关系的各种研究人员对SST进行了调整，将孩子替换为狗，将照顾者替换为主人。一些研究表明，狗对主人的依恋类型可能有几种，类似于孩子与照顾者之间的依恋类型。[238] 然而，也有观察表明，这类研究中主人的各种行为可能会影响其狗的行为，因此这些测试可能不仅仅是在测量狗的依恋。最好分析主人和狗的行为，以更准确地反映两者之间的关系。[239]

不可避免地，猫科学家尝试使用相同的方法来探索猫与主人之间的关系。有 3 项不同的依恋研究使用了 SST 的猫类修改版。其中 2 项发现，测试猫对主人表现出一种安全的依恋形式，[240] 而另 1 项则表明猫并不这样看待它的主人。[241] 这些结果的差异可能是这 3 个 SST 实验设计略有不同所致。也有可能，甚至更有可能的是，猫不一定像人类儿童或狗那样看待与成年人或主人互动，使得这类测试对它们而言不太有意义。

为了摆脱简单的人类和猫的依恋得分，找到一种更好的描述猫与人关系的整体方式，莫罗·伊内斯（Mauro Ines）及其同事进行了一项基于复杂问卷的研究，深入探讨了此类关系的各种组成部分。根据 3994 人的回答，他们确定了猫与主人之间 5 种不同类型的关系，主要受 4 个因素驱动：主人对猫的情感投入、猫接纳他人的情况、猫对主人靠近的需求以及猫的冷漠。

在 2 种关系类型中，主人对猫的情感投入相对较低。其中一种被称为"远程"关系，其特点是猫的社会性较低——它们对靠近主人或人类的需求较小。在"随意"关系中，猫比"远程"类别更具社交性，它们倾向于与人交往，但不是特别喜欢主人。作者认为，这种"随意"关系可能以猫来自繁忙家庭、家中有户外通道、喜欢拜访邻居家为特征。

在"开放"关系中，主人对相当独立的猫表现出适度的

情感投入，猫通常喜欢有人陪伴，但似乎不会特意寻找主人。与其他组别不同，这些猫最可能被主人描述为"冷漠"，就像吉卜林著名的"独行猫"一样。结果是一种弱但均衡的人猫关系。

伊内斯及其同事识别出的另外两种关系则囊括了对猫情感投入较多的主人。在一种被称为"友谊"的关系中，猫具有社交性，但在与谁交往方面很灵活。它们喜欢与主人在一起，但与更强烈的"相互依赖"关系相比，情感联系较弱。在后者中，猫和主人之间有着强烈的情感纽带，花大量时间在一起。猫可能非常依恋主人，以至于不愿与其他人交往。这类猫在主人无法进行互动时，可能会出现与分离有关的问题，如破坏行为或不当排尿。这种关系更可能发生在独居者家中，且往往是室内猫。传统上与依赖主人在场的狗相关的分离焦虑症，已成为高度依赖主人陪伴和刺激的猫身上越来越值得关注的问题。[242]

你对此有何感想？

小虎绝对不是那种需要我和家人持续关注的猫，但我经常想知道我把他留给格雷格 10 天的时候他是怎么想的，以及这与他后来和乔伊斯在一起时的情况相比如何。他在格雷格身边会感到害怕、生气、悲伤或紧张吗？在乔伊斯那里他会感到快乐吗？猫是否真的能与我们在生活中体验到同样的情绪？在历史的不同时期，提出这样的问题都会遭到哲学家和科学家的指责，认为这是可怕的拟人化。然而，随着科学家发现人类和非人类动物在大脑边缘系统处理更基本情绪（如恐惧）以及由此产生的生理反应方面存在共性，人们对动物情绪的态度逐渐发生了变化。

例如，人在恐惧的情况下——比如突然发现自己处在一辆迎面而来的车辆面前——会经历肾上腺素激增导致的战斗或逃跑反应。他们的心跳加速，呼吸加快，瞳孔扩大，身体上的汗毛立起来，可能会起鸡皮疙瘩。一只受到惊吓的猫，可能遇到一只大叫的狗，或者快速逼近的格雷格，也会发生类似的生理变化。它们的心率和呼吸频率会增加，瞳孔会扩大。除此之外，它们的毛发也会立起来，这种"万圣节猫"效应使它们在面对恐惧源头时显得比实际更大。

这些与人类的身体反应相似，但我们无法真正知道猫是否以与我们相同的方式体验情感。然而，人类，尤其是宠物主人，经常假设动物像我们一样感受事物。我们赋予宠物基本的情感，如恐惧、愤怒、喜悦、惊讶、厌恶和悲伤。[243]复杂的情感，如嫉妒、羞愧、失望和同情，主人在描述宠物时很少使用，尽管狗比猫更常被赋予这些情感，这可能是由于狗的社会性更强。话虽如此，我在担任行为顾问时发现，表现出"问题"行为的宠物猫偶尔会被赋予复杂动机，如嫉妒或恶意，正如第2章中琼斯太太抓住塞西尔在她的靴子上喷尿时所表现出来的那样。

大多数科学家一致认为，家猫，特别是宠物猫，似乎越来越多地在经历的一种情绪，就是压力。尽管它们适应力惊

216

人，几乎能在任何环境中生存，但许多猫发现与人类和其他猫共处的现代生活压力重重。一点点压力，比如前文提到的遭遇可怕狗狗的场景给系统带来的偶尔的肾上腺素激增，对于一只猫来说是正常的且可管理的。然而，有时猫会发现自己处于持续的压力环境中，这种慢性压力可能导致生理和行为问题。猫可能会变得更加孤僻或紧张，出现与其性格不符的新行为（比如塞西尔对靴子喷尿的行为），或者在更严重的情况下，开始过度梳理并扯掉自己的毛发，甚至患上与压力相关的疾病。

造成猫压力的原因往往仅仅是与其他猫共同生活，这一点常常让猫主人感到惊讶，因为他们认为猫在必要时有能力生活在群体中。区别在于，像我在农场研究的大橘和希德这样的群居猫，以及医院猫群的塔比莎和贝蒂，通常可以选择与谁互动。如果某只猫令人生畏或不友好，它们会选择避开。此外，群居猫之间往往存在某种程度的血缘关系，因为这类群体的社会结构往往围绕同一家族几代母猫构建。相比之下，宠物猫经常要面对一个与自己无关的"朋友"搬来同住的情况，而且往往是在它们作为家中唯一一只猫已经生活了相当长一段时间之后。新猫的加入需要缓慢而谨慎，但即便如此，它们也不一定能够和睦相处。从小一起领养两只同胞兄弟姐妹通常成功率较高，尽管它们到了成年后也可能变得不合（就像第5章中的布西和小黑）。在一项针对拥有多只猫的主人的调查中，超过70%的人报告说，从新猫被接来的那一刻起就出现了冲突的迹象。[244] 虽然在很多时候这种情况会随着时间推移有所缓解，但潜在的紧张氛围往往仍然存在，有44%的多猫家庭表示每天都会发生猫互相凝视的现象，18%的家庭表示每天会有嘶吼声。

在这种家庭环境下，两只或更多的猫居住在同一屋檐下，共享资源，避开彼此的机会可能有限，尤其是对于只能待在家里的室内猫来说。它们可能不得不共享猫砂盆、喂食地点和休息区，自信的猫有时会通过盯着其他猫看，或者挡住门

口、猫洞或猫砂盆来微妙地欺负家里的其他猫。与此同时，虽然一些宠物猫可以享受外出的自由，但可能会因为担心遇到附近不友好的猫而产生压力。来自不同家庭的猫通常不会把对方当作同一社会群体的一员，这使得敌意更有可能产生。在人口密集的居民区，可供任何一只猫支配的领地都很小，对空间的竞争可能非常激烈。

解决这个问题需要找到压力的根源。如果其他家庭猫是压力源，那么增加猫砂盆、喂食地点、藏身和休息地点等资源或许可以减少家中猫之间的冲突，使它们更容易共享空间。当外面的猫是压力源时，确保家猫在家里感到安全是很重要的，可以通过防止其他猫通过猫洞进入，或者遮挡窗户，避免家猫看到外面的猫。

218

读懂彼此的想法（和表情）

理解他人的情绪是一项对许多动物（不仅仅是从社会角度，也是从生存角度看）至关重要的能力。察觉周围人处于激

烈情绪中，尤其是恐惧，往往会在观察者身上产生类似反应，即所谓的情绪传染。人类也是如此，我们互相看着对方，试图了解对方的感受或对某事的反应。特别是在成人与儿童的关系中，我们尤其关注面部表情，以此获取线索。科学家已经开发出一种更客观的方法来描述人类面部肌肉运动，这些运动被称为动作单元（Action Units，AU），是第 4 章讨论的 FACS 的一部分。[245] 不过，在日常生活中，我们仍然看着对方，主观地试图通过表情读懂对方的心思。

我们也看着宠物的面孔，试图解读它们的表情，尤其是狗。我们的老金毛猎犬阿尔菲有一张非常有表现力的脸。他可以完全独立地抬起一边眉毛，几秒钟内从我们认为是"惊讶"的表情变为"好奇"的表情，再变为"垂头丧气"的表情。"哎呀，看看他那副可怜的样子"，人们会说。

对狗面部解剖学的研究，带来了狗面部动作编码系统（DogFACS）的开发，该系统揭示了我们的犬类伙伴在交流技巧中有一些"秘密武器"。这是一种位于每只眼睛上方的小而惊人强壮的肌肉，称为内侧眼轮匝肌上提肌，它的收缩使狗能抬起内侧眉毛。这个动作在 DogFACS 中被编码为 AU101，不仅使狗的眼睛看起来更大，给人一种更幼稚的样子（所谓的狗狗眼），而且还模仿了人类悲伤时的表情。抬眉是人类情感共鸣的强大触发器——研究人员发现，收容所里表现出更多这种表情的狗被更快地领养回家。[246]

我们的猫小黑，对阿尔菲或者任何狗都没有时间和耐心，察觉阿尔菲露出"悲伤"的表情时她会扬起眉毛——当然，她做不到。猫缺乏狗发育良好的内侧眼轮匝肌上提肌，根本就没有"狗狗眼"。在雅各布·赖哈特（Jacob Reighard）和 H.S. 詹宁斯（H.S.Jennings）合著的《猫的解剖学》（Anatomy of the Cat）一书中，猫身上最接近的肌肉被命名为同样拗口的皱眉肌。该书将其描述为"分散纤维薄片"，基本上是一条薄弱的肌肉带横跨在眼睛的骨脊上。它有助于打开上眼皮，但对眉毛运动没有任何影响。难怪猫连稍微惊讶或好奇的表情都难以做出，更不用说垂头丧气了。

虽然猫缺乏任何抬眉的能力，但 CatFACS 显示，它们有令人惊讶的大范围的面部运动，涉及控制耳朵和胡须的其他肌肉群，已分别在第 4 章和第 5 章中进行了描述。CatFACS 的开发者记录了收容所中猫的面部运动，并与猫被领养的速度进行了对比。有趣的是，他们没有发现任何关联。[247] 与狗具有说服力的抬眉不同，猫的面部表情似乎对潜在领养者没有影响。可能对于猫来说，人们倾向于寻找其他更明显的行为信号，而不是微妙的面部变化。事实上，在 CatFACS 研究中，唯一似乎影响猫领养速度的行为是猫在笼子门上蹭来蹭去，这是一个许多人熟悉的特别明显的动作。

研究人员劳伦·道森（Lauren Dawson）及其同事更具体地研究了人类成功解读陌生猫面部表情并判断它们感受的能力。他们通过在线调查招募了 6000 多名志愿者，并利用 YouTube 这一现代猫视频最有利可图的来源之一，测试了他们区分展示正面和负面面部表情的猫的能力。人们完成这项任务的能力差异很大，女性、年轻人以及拥有专业养猫经验的人通常得分较高。然而，大多数人发现这很难，得分低于平均水平。研究还发现了一个关于男性和女性对猫依恋的微妙但令人惊讶的影响。一个人对猫的依恋得分越高，他们就越擅长识别猫的正面表情，但越不擅长破译负面表情。作者认为，与猫关系更密切的主人可能习惯于更仔细地关注自己猫快乐的迹象，而与猫关系不那么亲密的主人可能更习惯于自家猫表现出负面表情。[248]

再来从猫的角度看看。研究人员摩莉亚·加尔万（Moriah Galvan）和珍妮弗·冯克（Jennifer Vonk）着手研究猫是否善于解读人类情绪，方法是测试它们对人类面部表情（如快乐或愤怒）的不同反应。猫对主人和陌生人的反应都被记录下来，两类人都表现出快乐（双手放松、面带微笑）或愤怒（皱眉、握紧拳头、噘嘴）的面部表情。研究人员发现，无论主人看起来是生气还是高兴，猫接近主人所需的时间都相同。但是，接近后，猫在主人高兴时比生气时与主人接触的时间更长，表现出更多积极行为。当与陌生人互动时，无论陌生人是"快乐"还是"生气"，它们都没有表现出行为上的差异。换句话说，比起陌生人，猫似乎更能捕捉到主人的表情。这些结果并不意味着猫理解主人是伤心还是生气，更多的是它们已经学会了快乐或愤怒的线索通常会导致不同的后果。这可能解释了为什么它们对熟悉的主人（过去可能有过面对这些线索的经验）的反应与对陌生人（从未见过其面孔）的反应有所不同。[249]

安杰洛·夸兰塔及其同事后来的一项研究测试了猫将情绪声音与正确的视觉图片匹配的能力。每只猫坐在主人的膝盖上，屏幕上并排放置两张陌生人的照片，一张显示愤怒，一张显示快乐。研究人员同时播放笑声、咆哮声或第三种替代声音（称为布朗噪声）的录音，然后记录猫看每张照片的时间，发

221

现它们看与播放的声音相匹配的照片
的时间更长。这表明猫对这种表情应
该听起来是什么样子有一定的预期。
此外，它们显然意识到愤怒照片与咆
哮声音组合的结果很可能是负面的，
除了看照片的时间更长外，它们还会
表现出有更高压力的行为，如尾巴夹
在下面向下，耳朵平贴。[250]

对于两个自然沟通方式截然不同的物种来说，读懂彼此222
的情绪是一个棘手的挑战。猫有理由觉得这很困难——它们
孤独、面无表情的祖先很少需要相互交流，主要依靠嗅觉交
换信息。然而，尽管我们本能地对脸、表情和情绪着迷，但
猫在某种程度上可能比我们更擅长读取我们的情绪。希望像
CatFACS 这样的资源能变得更加普及，这样我们将学会如何
更好地解读猫的面部动作。同时，幸运的是，猫已经想出了用
视觉、声音、触觉和气味等其他信号向我们展示它们感觉的
方式。

许多主人在猫接近时会想：它们找我们仅仅是为了享受
我们的陪伴吗？一项研究对此进行了测试，让猫在与人进行社
交互动、美味的食物、诱人的玩具和一块带有香味的布之间做
出选择。猫的个体偏好差异巨大，但令人欣慰的是，50% 的
猫选择了社交互动，而不是其他类别。37% 的猫更喜欢食物，
11% 的猫选择了玩具，只有 2% 的猫选择了有香味的布。[251]223
猫的驯化似乎已经进展到至少让一些宠物猫像我们对待它们一

样寻求我们的陪伴。然而，正如我那野性未泯的小虎教我的那样，新月沃地的投机野猫实际上与我们的猫只差一根毫毛。

那是一个夏日的傍晚，我站在厨房料理台旁准备晚餐，通向花园的后门敞开着。那时小虎还是一只年轻的猫，我突然意识到他就在厨房里陪我。当我与他聊天时，他在我腿边尽情地蹭来蹭去，发出欢快的呼噜声。我说"嗨，小虎"，微笑着，为他见到我时的喜悦感到得意。我一边准备炖菜用的鸡肉，一边继续与他交谈，他来回地在我腿边进行复杂的蹭擦仪式。过了一会儿，我转身去水槽洗手。小虎迅速跳上料理台，叼起鸡肉，然后又跳下料理台，穿过敞开的门，带着我的鸡肉消失了。回想起来，我带着一丝失望意识到，根据上述研究，小虎可能属于"偏爱食物"那一类的猫。不过，除了食物以外，我应该是排在第二重要的位置吧。

结语　适应力极强的猫

毕竟，唯有猫解决了所有动物面临的最大问题：
如何与人类和睦共处，同时又完全不受其束缚！
——凯瑟琳·西姆斯（Katharine Simms）
《他们曾与我同行》（*They Walked Beside Me*）[252]

我站在厨房里，看着小黑透过猫门向外张望。自幼年起，为了她们的安全，我们就让小黑和她的妹妹布西每晚待在家里。傍晚时分我们会将猫门设置为"仅进"，这样她们晚上稍晚时能进屋，却无法再出去。我想，有这么多人关心她们的福祉，她们真是过着幸福的生活。今晚，小黑犯了个错，比平时早些进了屋。此刻，她大概正期待着深夜在附近闲逛，于是反复用鼻子顶那扇门，却未能成功打开。她满怀希望地看着我。然而，我坚决不开猫门。

大约一周后的一天早晨，我下楼来到厨房，发现布西正在等早餐，但小黑却不见踪影。我感到困惑，便查看了猫

门，发现设置出入的滑块处于"进出皆可"的位置。我清楚记得前一天晚上将其设置为"仅进"。于是在早餐时，我质问家人："今天谁一大早下来把猫门打开了？"大家面面相觑，无人回应。

接下来的几晚，同样的事情一再发生。对于这场"大逃亡"是如何发生的，我困惑不已，于是抓住每一个机会守在猫门旁。几天后的某个深夜，我终于目睹了这一"犯罪行为"。小黑并未察觉到我在监视她，径直走向已锁好的猫门，用鼻子试探是否开着。面对猫门的阻拦，她并未气馁，而是坐在门前，用前爪轻轻推动滑块，一点一点，同时用鼻子推门，看看是否能打开。最终，她将滑块推得足够远，成功出门，开始了夜间的游荡。

猫门制造商的反应令人惊讶。"我们正在研发新设计，"他们说，"以防止像你家这样的猫打开猫门。"显然，拥有"胡迪尼"[①]般猫的并非只有我一人。几个月后，他们寄给我猫门的新版本。这款新品不再使用滑块，而是采用一个可以旋转的表盘，共有 4 种不同设置。要转动这个表盘，需要拥有对生拇指。我一边替换旧猫门，一边对在一旁观看的小黑说："对不起，小黑，你永远也无法打开这个新门。"

当我思考小黑如何出人意料地巧妙击败原版猫门滑块时，

---

① 美国著名魔术师哈里·胡迪尼（Harry Houdini，1874~1926），以擅长开锁及逃脱魔术闻名。

不禁想到家猫面临的诸多挑战，其中最大的便是沟通。

本书展示了生活中形形色色的猫如何令人印象深刻地学会了与同类及人类沟通，以便在我们这个拥挤且需要高强度交流、以人类为中心的世界中取得成功。尽管它们原本独居，但已经适应了与其他猫共处，找到了新的沟通信号和避免冲突的方式，以共享资源。更令人赞叹的是，它们掌握了与我们迥然不同的语言，并调整了自己有限的交流行为库以适应我们，吸引我们的注意力，尝试告诉我们它们的需求。它们理解我们的程度远超大多数人的想象，也远超我们对它们的理解。考虑到猫融入我们世界的天赋，猫与人之间的沟通是否已经发展到极致呢？答案似乎是否定的。

以一只普通的宠物猫为例，它每天都要应对与人和其他猫（无论室内还是室外，或两者兼有）沟通的任务。除此之外，由于生活在人类家中，它们还要应对一系列环境挑战。凭借与我们截然不同的感知，它们应对着我们视为理所当然的各种家居设施所带来的奇特视觉（形状怪异）、听觉（大多嘈杂）和嗅觉（极其强烈）刺激，如门、窗、水龙头、马桶、电视、洗衣机和洗碗机等。甚至一些我们专为猫提供的便利设施也需要它们去适应，比如猫砂盆，各种形状、大小和材质的猫窝，以及被允许户外活动的猫可能遇到的猫门。

猫门对于猫来说是一个有趣的现代难题——这一概念对于猫的独居野生祖先来说完全是陌生的。它们最初出现时是猫洞，人们在谷仓壁或门上开洞，让猫进去捕食那些在里面储存谷物的地方捣乱的老鼠。墙上的洞对猫来说很容易通过，但在某个时候，有人决定给它加上一块门板。如今，猫门种类繁

211

多，从简单的进出式到多功能式，既能防止特定的猫外出，又能阻止不受欢迎的猫进入家中。甚至还有能读取猫身上的微芯片以允许其专属通行的猫门。

有些宠物猫能在人的引导下快速学会使用猫门，即支起门板进出几次并获得奖励。有些猫则始终无法适应，坚定地坐在后门外等待人来开门，对现代社会要求它们用脸挤在塑料表面进出的要求无动于衷。还有一些猫似乎毕生致力于破解被锁定的猫门，就像小黑一样。

安装了新式旋钮操作猫门约 6 个月后，我再次注意到小黑出现了清晨时分的缺席迹象。我反复检查猫门，一切看似正常。于是，我又一次深夜潜伏在猫门附近，观察究竟发生了什么。没过多久，谜底就揭晓了。两晚之后的一个夜晚，我坐在厨房椅子上观察，只见小黑靠近已设定为夜间"仅进"的猫门，用鼻子轻推看能否打开。发现门毫无动静，小黑灵巧地用一只爪子勾住塑料门底部边缘，向内拉扯，然后把鼻子塞进门缝，扭动身体从下方钻出，又一次成功逃脱。真是聪明绝顶！谁还需要对生拇指呢？ 253

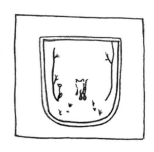

致　谢

　　首先，我要毫无保留地感谢众多科学家，你们的专注与229
严谨研究带来了书中关于猫行为机制的诸多引人入胜且富有
启发性的发现。人们常说"与猫共度的时间从不虚度"，然而
我深知研究猫和与猫共事的挑战与乐趣，对你们所有人深表敬
佩。我希望我的工作能够正确地体现你们的研究成果。如果存
在任何错误，我在此表示歉意。

　　我优秀的文学代理人爱丽丝·马泰尔（Alice Martell），
感谢你对我书稿理念的信任与热爱，与我一样对其充满热
情，不断给予鼓励，并耐心回答我无数的问题。同样要感谢
达顿（Dutton）出版社的斯蒂芬·莫罗（Stephen Morrow）
和格蕾丝·莱尔（Grace Layer）。你们反复阅读并审阅草
稿，提出诸多具备启发性又有耐心、温和且善意的建议，帮
助我改进章节内容。还要感谢达顿出版社参与本书制作的其
他所有人，包括迪亚蒙德·布里奇斯（Diamond Bridges）、
爱丽丝·达尔林普尔（Alice Dalrymple）、伊莎贝尔·达

席尔瓦（Isabel DaSilva）、蒂芙尼·埃斯特赖彻（Tiffany Estreicher）、吉莉安·法塔（Jillian Fata）、萨比拉·汗（Sabila Khan）、阮维安（Vi-An Nguyen）、汉娜·普尔（Hannah Poole）、南希·雷斯尼克（Nancy Resnick）、苏珊·施瓦茨（Susan Schwartz）和凯姆·萨里奇（Kym Surridge）。

230 　　我要感谢从在南安普敦大学人与动物关系学研究所的早期工作至今有幸共事的所有人。名单实在太长，无法在此一一列举（而且我肯定会遗漏什么人），但你们知道都有谁。特别感谢约翰·布拉德肖，他作为我博士期间的导师和人与动物关系学研究所的上司，开启了我从事猫科研究的职业生涯。我要感谢所有从事动物救援工作的同人们，感谢你们日复一日辛勤付出，改善了无数动物的生活。

　　我也要提一下自己的宠物们——多年来陪伴我的猫：小虎、查理、布西和小黑。感谢你们与我分享生活，当我试图写作时，你们坐在我腿上、桌上、文件上和键盘上。如果有任何打字错误，都是你们的功劳！还有我的狗狗们：阿尔菲和现在的雷吉——感谢你们每天风雨无阻地拽我出门散步，帮我清空思绪。

　　献给我亲爱的爸爸妈妈，多希望你们还能在我身边阅读这本书——谢谢你们。还有我的家人，我能说什么呢？如果没有你们的支持，我根本无法完成这部作品。我那了不起的女儿们，艾比、爱丽丝、海蒂和奥利维亚，谢谢你始终倾听——那些交谈、建议、稿件审阅、一杯杯茶，以及在我灵感枯竭的日子里给予我不竭的鼓励。海蒂，谢谢你用魔法般的笔触将我杂乱无章的想法和涂鸦变为如此美妙的线条画作。最后，致我的丈夫史蒂夫——从早年陪我一同喂养流浪猫，到多年抚育子女、照顾宠物、救助流浪猫和小猫，你一直在我身边为我加油鼓劲。感谢你的一切。

注 释

前 言

1　"Pets by the Numbers," Humane Society of the United States, https://humanepro.org/page/petsbythe-numbers, accessed July 12, 2022.

01　野猫和女巫

2　Charles Darwin, *The Variation of Plants and Animals Under Domestication* (London: John Murray, 1868).

3　Dmitri Belyaev, "Destabilizing Selection as a Factor in Domestication," *Journal of Heredity* 70, no. 5 (1979): 301–8; Lyudmila Trut, Irina Oskina, and Anastasiya Kharlamova, "Animal Evolution During Domestication: The Domesticated Fox as a Model," *BioEssays* 31, no. 3 (2009): 349–60.

4　Kathryn A. Lord et al., "The History of Farm Foxes Undermines the Animal Domestication Syndrome," *Trends in Ecology and Evolution* 35, no. 2 (2020): 125–36.

5　Kevin J. Parsons et al., "Skull Morphology Diverges Between Urban and Rural Populations of Red Foxes Mirroring Patterns of Domestication and Macroevolution," *Proceedings of the Royal Society B: Biological Sciences* 287, no. 1928 (2020): 20200763.

6　"Pets by the Numbers," Humane Society of the United States, https://humanepro.org/page/pets-by-the-numbers, accessed July 12, 2022.

7   *Cats Report* UK 2021, Cats Protection, https://www.cats.org.uk/media/10005/cats-2021-full-report.pdf.

8   猫的社会化阶段是在 20 世纪 80 年代初艾琳·卡什 (Eileen Karsh) 的一系列实验中发现的，艾琳·卡什和丹尼斯·C. 特纳 (Dennis C. Turner) 在《人与猫的关系》(*The Human-Cat Relationship*) 中对此进行了描述。该文章出自 *The Domestic Cat: The Biology of Its Behaviour*, ed.Dennis C. Turner and Patrick Bateson (Cambridge, UK: Cambridge University Press, 1988), 159–77。

9   Stephen J. O'Brien and Warren E. Johnson,"The Evolution of Cats,"*Scientific American*, July 1, 2007.

10 关于"假猫"及其前身，详见 Sarah Brown, *The Cat: A Natural and Cultural History* (Princeton, NJ: Princeton University Press, 2020), 14–7。

11 Carlos A. Driscoll et al.,"The Near Eastern Origin of Cat Domestication," *Science 317*, no. 5837 (2007): 519–23.

12 *Felis lybica lybica* 以前被称为 *Felis silvestris lybica*，随着 2017 年猫科动物分类学的修订，这种情况发生了变化。Andrew C. Kitchener et al., A Revised Taxonomy of the Felidae. The Final Report of the Cat Classification Task Force of the IUCN/SSC Cat Specialist Group, CATnews Special Issue 11 (Winter 2017).

13 Eric Faure and Andrew C. Kitchener,"An Archaeological and Historical Review of the Relationships Between Felids and People,"*Anthrozoös* 22, no. 3 (2009): 221–38.

14 Charlotte Cameron-Beaumont, Sarah E. Lowe, and John W. S. Bradshaw, "Evidence Suggesting Preadaptation to Domestication Throughout the Small Felidae,"*Biological Journal of the Linnean Society* 75, no. 3 (2002): 361–6.

15 Charles A. W. Guggisberg, "Cheetah, Hunting Leopard (*Acinonyx jubatus*)," in *Wild Cats of the World* (London: David & Charles, 1975), 266–89.

16 Frances Pitt, *The Romance of Nature: Wild Life of the British Isles in Picture and Story*, vol. 2 (London: Country Life Press, 1936).

17 Claudio Ottoni et al., "The Palaeogenetics of Cat Dispersal in the Ancient World,"*Nature, Ecology and Evolution* 1 (2017): 0139; Claudio Ottoni and Wim Van Neer, "The Dispersal of the Domestic Cat: Paleogenetic and Zooarcheological Evidence,*Near Eastern Archaeology* 83, no. 1 (2020): 38–45.

18 Carlos A. Driscoll, David W. Mac-donald, and Stephen J. O'Brien, "From Wild Animals to Domestic Pets, an Evolutionary View of Domestication,"

PNAS 106, suppl. 1 (2009): 9971–8.

19 Mateusz Baca et al., "Human-Mediated Dispersal of Cats in the Neolithic Central Europe,"*Heredity*121, no. 6 (2018): 557–63. Ottoni et al., "The Palaeogenetics of Cat Dispersal in the Ancient World."

20 希罗多德在他的《历史》中写到了这一点，详见 Donald W. Engels, *Classical Cats: The Rise and Fall of the Sacred Cat* (London: Routledge, 1999)。

21 Faure and Kitchener, "An Archaeological and Historical Review."

22 Jean-Denis Vigne et al., "Earliest'Domestic'Cats in China Identified as Leopard Cat *(Prionailurus bengalensis)*," *PloS One* 11, no. 1 (2016): e0147295.

23 Ottoni and Van Neer,"The Dispersal of the Domestic Cat."

24 Raymond Coppinger and Lorna Coppinger, *Dogs: A Startling New Understanding of Canine Origins, Behavior and Evolution* (New York: Scribner, 2001).

25 Brian Hare, "Survival of the Friendliest: Homo sapiens Evolved via Selection for Prosociality," *Annual Review of Psychology* 68, no. 1 (2017): 155–86.

26 Driscoll, Macdonald, and O'Brien,"From Wild Animals to Domestic Pets."

27 Kristyn R.Vitale, "The Social Lives of Free-Ranging Cats," *Animals* 12, no. 1 (2022): 126, https://doi.org/10.3390/ani12010126.

28 David W. Macdonald et al.,"Social Dynamics, Nursing Coalitions and Infanticide Among Farm Cats, *Felis catus*,"*Advances in Ethology* (supplement to *Ethology*) 28 (1987): 1–64.

29 Sarah Louise Brown (unpublished data), "The Social Behaviour of Neutered Domestic Cats *(Felis catus)*" (PhD diss., University of Southampton, 1993).

02 留下气味

30 Robyn Hudson et al., "Nipple Preference and Contests in Suckling Kittens of the Domestic Cat Are Unrelated to Presumed Nipple Quality," Developmental Psychobiology 51, no. 4 (2009): 322–32, https://doi.org/10.1002/dev.20371.

31 Lourdes Arteaga et al., "The Pattern of Nipple Use Before Weaning Among Littermates of the Domestic Dog," *Ethology* 119, no. 1 (2013): 12–9.

32 Gina Raihani et al., "Olfactory Guidance of Nipple Attachment and

Suckling in Kittens of the Domestic Cat: Inborn and Learned Responses," *Developmental Psychobiology* 51, no. 8 (2009): 662–71.

33 Nicolas Mermet et al., "Odor-Guided Social Behaviour in Newborn and Young Cats: An Analytical Survey," Chemoecology 17 (2007): 187–99.

34 Péter Szenczi et al., "Are You My Mummy? LongTerm Olfactory Memory of Mother's Body Odour by Offspring in the Domestic Cat," *Animal Cognition* 25 (2022): 21–6, https://doi.org/10.1007/s1007102101537-w.

35 Oxána Bánszegi et al., "Can but Don't: Olfactory Discrimination Between Own and Alien Offspring in the Domestic Cat," *Animal Cognition* 20 (2017): 795– 804, https://doi.org/10.1007/s100710171100-z.

36 Elisa Jacinto et al., "Olfactory Discrimination Between Litter Mates by Mothers and Alien Adult Cats: Lump or Split?" *Animal Cognition* 22 (2019): 61–9, https://doi.org/10.1007/s100710181221-z.

37 Kristyn R. Vitale Shreve and Monique A. R. Udell, "Stress, Security, and Scent: The Influence of Chemical Signals on the Social Lives of Domestic Cats and Implications for Applied Settings," *Applied Animal Behaviour Science* 187 (2017): 69–76.

38 Warner Passanisi and David Mac-donald, "Group Discrimination on the Basis of Urine in a Farm Cat Colony," in *Chemical Signals in Vertebrates* 5, ed. David Macdonald, Dietland MüllerSchwarze, and S. E. Natynczuk (Oxford, UK: Oxford Uni-versity Press, 1990), 336–45.

39 Chiharu Suzuki et al., "GC × GC-MS-Based Volatile Profiling of Male Domestic Cat Urine and the Olfactory Abilities of Cats to Discriminate Temporal Changes and Individual Differences in Urine," *Journal of Chemical Ecology* 45 (2019): 579–87, https://doi.org/10.1007/s1088601901083-3.

40 Masao Miyazaki et al., "The Biological Function of Cauxin, a Major Urinary Protein of the Domestic Cat *(Felis catus)*," in *Chemical Signals in Vertebrates* 11, ed. Jane L. Hurst et al. (New York: Springer, 2008), 51–60.

41 Wouter H. Hendriks, Shane M. Rutherfurd, and Kay J. Rutherfurd, "Importance of Sulfate, Cysteine and Methionine as Precursors to Felinine Synthesis by Domestic Cats *(Felis catus)*," *Comparative Biochemistry and Physiology Part C*: Toxicology & Pharmacology129, no. 3 (2001): 211–6.

42 John W. S. Bradshaw, Rachel A. Casey, and Sarah L. Brown, "Communication," in *The Behaviour of the Domestic Cat*, 2nd ed. (Wallingford, UK: CABI, 2012), 91–112.

43 Miyabi Nakabayashi, Ryohei Yamaoka, and Yoshihiro Nakashima, "Do

Fecal Odours Enable Domestic Cats (*Felis catus*) to Distinguish Familiarity of the Donors?" *Journal of Ethology* 30 (2012): 325–29, https://doi.org/10.1007/s10164-011-0321-x.

44　Ayami Futsuta et al., "LC-MS/MS Quantification of Felinine Metabolites in Tissues, Fluids, and Excretions from the Domestic Cat (*Felis catus*)," *Journal of Chromatography B* 1072 (2018): 94–9.

45　Masao Miyazaki et al., "The Chemical Basis of Species, Sex, and Individual Recognition Using Feces in the Domestic Cat," *Journal of Chemical Ecology* 44 (2018): 364–73, https:// doi.org/10.1007/s108860180951-3.

46　Colleen Wilson et al., "Owner Observations Regarding Cat Scratching Behavior: An InternetBased Survey," *Journal of Feline Medicine and Surgery* 18, no. 10 (2016): 791–7.

47　Hilary Feldman, "Methods of Scent Marking in the Domestic Cat," *Canadian Journal of Zoology* 72, no. 6 (1994): 1093–9, https://doi.org/10.1139/z94-147.

48　Paul Broca, "Recherches sur les centres olfactifs," *Revue d'Anthropologie* 2 (1879): 385–455.

49　John P. McGann, "Poor Human Olfaction Is a 19th-Century Myth," *Science* 356, no. 6338 (2017): eaam7263.

50　C. Bushdid et al., "Humans Can Discriminate More Than 1 Trillion Olfactory Stimuli," *Science* 343, no. 6177 (2014): 1370–2, https://doi.org/10.1126/science.1249168.

51　Jess Porter et al., "Mechanisms of Scent-Tracking in Humans," *Nature Neuroscience* 10, no. 1 (2007): 27–9.

52　Ofer Perl et al., "Are Humans Constantly but Subconsciously Smelling Themselves?" *Philosophical Transactions of the Royal Society B* 375, no. 1800 (2020): 20190372.

53　Ida Frumin et al., "A Social Chemosignaling Function for Human Handshaking," *eLife* 4 (2015): e05154, https://doi.org/10.7554/eLife.05154.

54　Benjamin L. Hart and Mitzi G. Leedy, "Analysis of the Catnip Reaction: Mediation by Olfactory System, Not Vomeronasal Organ," *Behavioral and Neural Biology* 44, no. 1 (1985): 38–46.

55　Neil B. Todd, "Inheritance of the Catnip Response in Domestic Cats," *Journal of Heredity* 53, no. 2 (1962): 54–6,https://doi.org/10.1093/oxfordjournals.jhered.a107121.

56 Sebastiaan Bol et al., "Responsiveness of Cats (Felidae) to Silver Vine (*Actinidia polygama*), Tatarian Honeysuckle (*Lonicera tatarica*), Valerian (*Valeriana officinalis*) and Catnip (*Nepeta cataria*)," *BMC Veterinary Research* 13, no. 1 (2017): 1–16.

57 Reiko Uenoyama et al., "The Characteristic Response of Domestic Cats to Plant Iridoids Allows Them to Gain Chemical Defense Against Mosquitoes," *Science Advances* 7, no. 4 (2021): eabd9135.

58 Thomas Eisner, "Catnip: Its Raison d'Être," *Science* 146, no. 3649 (1964): 1318–20.

03 吸引人类从一声"喵"开始

59 Francis Steegmuller, *A Woman, a Man, and Two Kingdoms: The Story of Madame d'Épinay and the Abbé Galiani* (Princeton, NJ: Princeton University Press, 2014).

60 Described by Champfluery, "Cat Language," in *The Cat, Past and Present*, trans. Cashel Hoey (London: G. Bell, 1985).

61 Marvin R. Clark and Alphonse Leon Grimaldi, *Pussy and Her Language* (Fairford, UK: Echo Library, 2019).

62 Mildred Moelk, "Vocalizing in the HouseCat; a Phonetic and Functional Study," *American Journal of Psychology* 57, no. 2 (1944): 184–205.

63 Ron Haskins, "A Causal Analysis of Kitten Vocalization: An Observational and Experimental Study," *Animal Behaviour* 27 (1979): 726–36.

64 Wiebke S. Konerding et al., "Female Cats, but Not Males, Adjust Responsiveness to Arousal in the Voice of Kittens," *BMC Evolutionary Biology* 16, no. 1 (2016): 1–9.

65 Marina Scheumann et al., "Vocal Corre lates of SenderIdentity and Arousal in the Isolation Calls of Domestic Kitten (*Felis silvestris catus*)," Frontiers in Zoology 9, no. 1 (2012): 1–14.

66 Robyn Hudson et al., "Stable Individual Differences in Separation Calls During Early Development in Cats and Mice," *Frontiers in Zoology* 12, suppl. 1 (2015): 1–12.

67 Lafcadio Hearn, "Pathological," in *Kottō* (London: Macmillan and Co., Ltd., 1903).

68 Péter Szenczi et al., "MotherOffspring Recognition in the Domestic Cat:

Kittens Recognize Their Own Mother's Call," *Developmental Psychobiology* 58, no. 5 (2016): 568–77.

69 Nicholas Nicastro, "Perceptual and Acoustic Evidence for SpeciesLevel Differences in Meow Vocalizations by Domestic Cats (*Felis catus*) and African Wild Cats (*Felis silvestris lybica*)," *Journal of Comparative Psychology* 118, no. 3 (2004):287–96.

70 Susanne Schötz, Joost van de Weijer, and Robert Eklund, "Melody Matters: An Acoustic Study of Domestic Cat Meows in Six Contexts and Four Mental States," *PeerJ Preprints* 7 (2019): e27926v1.

71 Urban Dictionary, s.v. "meow," last modified July 1, 2014, https:// www. urbandictionary.com/define.php?term=Meow.

72 Katarina Michelsson, Helena Todd de Barra, and Oliver Michelson, "Sound Spectrographic Cry Analysis and Mothers' Perception of Their Infant's Crying," in *Focus on Nonverbal Communication Research*, ed. Finley R. Lewis (New York: Nova Science, 2007), 31– 64.

73 Susanne Schötz, Joost van de Weijer, and Robert Eklund, "Phonetic Methods in Cat Vocalization Studies: A Report from the Meowsic Project," in *Proceedings of the Fonetik*, vol. 2019 (Stockholm, 2019), 10–2.

74 Joanna Dudek et al., "Infant Cries Rattle Adult Cognition," *PLoS One* 11, no. 5 (2016): e0154283.

75 凯瑟琳·S. 杨（Katherine S. Young）等人研究了成年人对婴儿哭声反应的紧迫性。他们对非父母的成年男性和成年女性进行了测试，发现受测试者听到婴儿哭声时大脑中出现反应的速度比听到成人哭声时更快，这表明存在"照顾本能"。相关详细信息，请参阅 Young et al., "Evidence for a Caregiving Instinct: Rapid Differentiation of Infant from Adult Vocalizations Using Magnetoencephalography," *Cerebral Cortex* 26, no. 3 (2016): 1309–21。

76 Nicholas Nicastro, "Perceptual and Acoustic Evidence for SpeciesLevel Differences."

77 Seong Yeon et al., "Differences Between Vocalization Evoked by Social Stimuli in Feral Cats and House Cats," *Behavioural Processes* 87, no. 2 (2011): 183–9.

78 Fabiano de Oliveira Calleia, Fábio Röhe, and Marcelo Gordo, "Hunting Strategy of the Margay (*Leopardus wiedii*) to Attract the Wild Pied Tamarin (*Saguinus bicolor*)," *Neotropical Primates* 16, no. 1 (2009): 32–4.

79 Sophia Yin, "A New Perspective on Barking in Dogs (Canis familaris),"

Journal of Comparative Psychology 116, no. 2 (2002): 189–93.

80 Nicholas Nicastro and Michael J. Owren, "Classification of Domestic Cat (*Felis catus*) Vocalizations by Naive and Experienced Human Listeners," *Journal of Comparative Psychology* 117, no. 1 (2003): 44–52.

81 Sophia Yin and Brenda McCowan, "Barking in Domestic Dogs: Context Specificity and Individual Identification," *Animal Behaviour* 68, no. 2 (2004): 343–55.

82 Sarah L. H. Ellis, Victoria Swindell, and Oliver H. P. Burman, "Human Classification of ContextRelated Vocalizations Emitted by Familiar and Unfamiliar Domestic Cats: An Exploratory Study," *Anthrozoös* 28, no. 4 (2015): 625–34.

83 Emanuela PratoPrevide et al., "What's in a Meow? A Study on Human Classification and Interpretation of Domestic Cat Vocalizations," Animals 10, no. 12 (2020): 2390.

84 Tamás Faragó et al., "Humans Rely on the Same Rules to Assess Emotional Valence and Intensity in Con-specific and Dog Vocalizations," *Biology Letters* 10, no. 1 (2014): 20130926.

85 Charles Darwin, "Means of Expression in Animals," in *The Expression of the Emotions in Man and Animals* (New York: D. Appleton & Company, 1872), 83–114.

86 M. A. Schnaider et al., "Cat Vocalization in Aversive and Pleasant Situations," *Journal of Veterinary Behavior* 55–56 (2022): 71–8.

87 Schötz, van de Weijer, and Eklund, "Melody Matters."

88 Susanne Schötz and Joost van de Weijer, "A Study of Human Perception of Intonation in Domestic Cat Meows," *in Social and Linguistic Speech Prosody: Proceedings of the 7th International Conference on Speech Prosody*, ed. Nick Campbell, Dafydd Gibbon, and Daniel Hirst (2014).

89 Pascal Belin et al., "Human Cerebral Response to Animal Affective Vocalizations," *Proceedings of the Royal Society B: Biological Sciences* 275, no. 1634 (2008): 473–81.

90 Christine E. Parsons et al., "Pawsitively Sad: Pet-Owners Are More Sensitive to Negative Emotion in Animal Distress Vocalizations," *Royal Society Open Science* 6, no. 8 (2019): 181555.

91 Paul Gallico, *The Silent Miaow* (London: Pan Books Ltd., 1987).

92 Victoria L. Voith and Peter L. Borchelt, "Social Behavior of Domestic Cats," in *Readings in Companion Animal Behavior*, ed. V. L. Voith and P. L.

Borchelt (Trenton, NJ: Veterinary Learning Systems, 1996), 248–57.

93   Matilda Eriksson, Linda J. Keeling, and Therese Rehn, "Cats and Owners Interact More with Each Other After a Longer Duration of Separation," *PLoS One* 12, no. 10 (2017): e0185599.

94   Denis Burnham, Christine Kitamura, and Uté VollmerConna, "What's New, Pussycat? On Talking to Babies and Animals," *Science* 296, no. 5572 (2002): 1435.

95   H. Carrington Bolton, "The Language Used in Talking to Domestic Animals," *American Anthropologist* 10, no. 3 (1897): 65–90.

96   Tobias Grossmann et al., "The Developmental Origins of Voice Processing in the Human Brain," *Neuron* 65, no. 6 (2010): 852–8.

97   Péter Pongrácz and Julianna Szulamit Szapu, "The SocioCognitive Relationship Between Cats and Humans—Companion Cats (*Felis catus*) as Their Owners See Them," *Applied Animal Behaviour Science* 207 (2018): 57–66.

98   Charlotte de Mouzon, Marine Gonthier, and Gérard Leboucher, "Discrimination of CatDirected Speech from HumanDirected Speech in a Population of Indoor Companion Cats (*Felis catus*)," *Animal Cognition* 26, no. 2 (2023): 611–9, https:// doi.org/10.1007/s1007102201674-w.

99   Rickye S. Heffner and Henry E. Heffner, "Hearing Range of the Domestic Cat," *Hearing Research* 19, no. 1 (1985): 85–8.

100 Atsuko Saito and Kazutaka Shinozuka, "Vocal Recognition of Owners by Domestic Cats (*Felis catus*)," *Animal Cognition* 16, no. 4 (2013): 685–90.

101 Atsuko Saito et al., "Domestic Cats (*Felis catus*) Discriminate Their Names from Other Words," *Scientific Reports* 9, no. 5394 (2019): 1–8.

102 Dawn Frazer Sissom, D. A. Rice, and G. Peters, "How Cats Purr," *Journal of Zoology* 223, no. 1 (1991): 67–78.

103 Eriksson, Keeling, and Rehn, "Cats and Owners Interact More with Each Other."

104 Karen Mccomb et al., "The Cry Embedded Within the Purr," *Current Biology* 19, no. 13 (2009): R507–8.

04   善于说话的尾巴和善于表达的耳朵

105 Shawn M. O'Connor et al., "The Kangaroo's Tail Propels and Powers Pentapedal Locomotion," *Biology Letters* 10, no. 7 (2014): 20140381.

106 Emily Xu and Patricia M. Gray, "Evolutionary GEM: The Evolution of

the Primate Prehensile Tail," *Western Undergraduate Research Journal: Health and Natural Sciences* 8, no. 1 (2017).

107 Matthew A. Barbour and Rulon W. Clark, "Ground Squirrel Tail-Flag Displays Alter Both Predatory Strike and Ambush Site Selection Behaviours of Rattlesnakes," *Proceedings of the Royal Society B: Biological Sciences* 279, no. 1743 (2012): 3827–33.

108 A. Quaranta, M. Siniscalchi, and G. Vallortigara, "Asymmetric Tail-Wagging Responses by Dogs to Different Emotive Stimuli," *Current Biology* 17, no. 6 (2007): R199–201.

109 Marcello Siniscalchi et al., "Seeing Left- or RightAsymmetric Tail Wagging Produces Different Emotional Responses in Dogs," *Current Biology* 23, no. 22 (2013): 2279– 82.

110 Daiana de Oliveira and Linda J. Keeling, "Routine Activities and Emotion in the Life of Dairy Cows: Integrating Body Language into an Affective State Framework," *PloS One* 13, no. 5 (2018): e0195674.

111 Maya Wedin et al., "Early Indicators of Tail Biting Outbreaks in Pigs," *Applied Animal Behaviour Science* 208 (2018): 7–13.

112 Amir Patel and Edward Boje, "On the Conical Motion and Aerodynamics of the Cheetah Tail," in *Robotics: Science and Systems Workshop on "Robotic Uses for Tails"* (Rome, 2015).

113 Eugene Willis Gudger, "Does the Jaguar Use His Tail as a Lure in Fishing," *Journal of Mammalogy* 27, no. 1 (1946): 37–49.

114 Sarah Louise Brown, "The Social Behaviour of Neutered Domestic Cats (*Felis catus*)" (PhD diss., University of Southampton, 1993).

115 John Bradshaw and Sarah Brown, "Social Behaviour of Cats," *Tijdschrift voor Diergeneeskunde* 177, no. 1 (1992): 54–6.

116 John Bradshaw and Charlotte Cameron-Beaumont, "The Signaling Repertoire of the *Domestic Cat and Its Undomesticated Relatives*," in The Domestic Cat: The Biology of Its Behaviour, 2nd ed., ed. Dennis C. Turner and Patrick Bateson (Cambridge, UK: Cambridge University Press, 2000), 67.

117 Simona Cafazzo and Eugenia Natoli, "The Social Function of Tail Up in the Domestic Cat (*Felis silvestris catus*)," *Behavioural Processes* 80, no. 1 (2009): 60–6.

118 John W. S. Bradshaw, "Sociality in Cats: A Comparative Review," *Journal of Veterinary Behavior* 11 (2016): 113–24.

119 Penny L. Bernstein and Mickie Strack, "A Game of Cat and House: Spatial Patterns and Behavior of 14 Domestic Cats (*Felis catus*) in the Home," *Anthrozoös* 9, no. 1 (1996): 25–39.

120 这是我博士研究的一部分：Brown, "The Social Behaviour of Neu-tered Domestic Cats."

121 对野生猫科动物的研究及一些相关讨论可以参考 Bradshaw and Cameron-Beaumont, "The Signaling Repertoire of the Domestic Cat."。

122 Charlotte CameronBeaumont, "Visual and Tactile Communication in the Domestic Cat (*Felis silvestris catus*) and Undomesticated Small Felids" (PhD diss., University of Southampton, 1997).

123 The evolution of Tail Up is discussed in Cafazzo and Natoli, "The Social Function of Tail Up," and in Bradshaw and CameronBeaumont, "The Signaling Repertoire of the Domestic Cat."

124 George B. Schaller, *The Serengeti Lion: A Study of Predator-Prey Relations* (Chicago: University of Chicago Press, 1972).

125 David Macdonald et al., "African Wildcats in Saudi Arabia," *WildCRU Review* 42 (1996).

126 "Postscript: Questions and Some Answers," in *The Domestic Cat: The Biology of Its Behaviour*, 3rd ed., ed. Dennis C. Turner and Patrick Bateson (Cambridge: Cambridge University Press, 2014).

127 Marvin R. Clark and Alphonse Leon Grimaldi, Pussy and Her Language (Fairford, UK: Echo Library, 2019).

128 该系统多年来一直在更新，但其早期发展可以在 Paul Ekman and Wallace V. Friesen, "Measuring Facial Movement," 中找到。*Environmental Psychology and Nonverbal Behavior* 1 (1976): 56–75, https://www.paulekman.com/wp-content/uploads/2013/07/MeasuringFacialMovement.pdf.

129 Cátia Correia-Caeiro, Anne M. Burrows, and Bridget M. Waller, "Development and Application of CatFACS: Are Human Cat Adopters Influenced by Cat Facial Expressions?" *Applied Animal Behaviour Science* 189 (2017): 66–78.

130 Bertrand L. Deputte et al., "Heads and Tails: An Analysis of Visual Signals in Cats, Felis catus," *Animals* 11, no. 9 (2021): 2752.

131 Gabriella Tami and Anne Gallagher, "Description of the Behaviour of Domestic Dog (Canis familiaris) by Experienced and Inexperienced People," *Applied Animal Behaviour Science* 120, no. 3–4 (2009): 159–69.

132 N. Feuerstein and Joseph Terkel, "Inter-relationships of Dogs (Canis

familiaris) and Cats (Felis catus L.) LivingUnder the Same Roof," *Applied Animal Behaviour Science* 113, no. 1–3 (2008): 150–65.

05　保持接触

133　Robin I. M. Dunbar, "The Social Role of Touch in Humans and Primates: Behavioural Function and Neurobiological Mechanisms," *Neuroscience and Biobehavioral Reviews* 34, no. 2 (2010): 260–8.

134　David Macdonald et al., "Social Dynamics, Nursing Coalitions and Infanticide Among Farm Cats, *Felis catus*," *Advances in Ethology (supplement to Ethology)* 28 (1987): 1– 64; David Macdonald, "The Pride of the Farmyard," BBC *Wildlife*, November 1991.

135　Ruud van den Bos, "The Function of Allogrooming in Domestic Cats (Felis silvestris catus); a Study in a Group of Cats Living in Confinement," *Journal of Ethology* 16 (1998): 1–13.

136　C. J. O. Harrison, "Allopreening as Agonistic Behaviour," *Behaviour* 24, no. 3/4 (1964): 161–209.

137　Jennie L. Christopher, "Grooming as an Agonistic Behavior in Garnett's Small-Eared Bushbaby (*Otolemur garnettii*)" (master's thesis, University of Southern Mississippi, 2017).

138　Mai Sakai et al., "Flipper Rubbing Behaviors in Wild Bottlenose Dolphins (Tursiops aduncus)," *Marine Mammal Science* 22, no. 4 (2006): 966–78.

139　Saki Yasui and Gen'ichi Idani, "Social Significance of Trunk Use in Captive Asian Elephants," *Ethology, Ecology & Evolution* 29, no. 4 (2017): 330–50, https:// doi.org/10.1080/03949370.2016.1179684.

140　Kimberly J. Barry and Sharon L.CrowellDavis, "Gender Differences in the Social Behavior of the Neutered IndoorOnly Domestic Cat," *Applied Animal Behaviour Science*64, no. 3 (1999): 193–211.

141　Christina D. Buesching, P. Stopka, and D. W. Macdonald, "The Social Function of AlloMarking in the European Badger (*Meles meles*)," *Behaviour* 140, no. 8/9 (2003): 965–80.

142　更多关于胡须运动的详细描述及插图可参考 CatFACS 手册：https:// www.animalfacs.com/catfacs_new.

143　Yngve Zotterman, "Touch, Pain and Tickling: An ElectroPhysiological Investigation on Cutaneous Sensory Nerves," *Journal of Physiology* 95, no. 1 (1939): 1–28, https:// doi.org/10.1113/jphysiol.1939.sp003707.

144 Rochelle Ackerley et al., "Human C-Tactile Afferents Are Tuned to the Temperature of a SkinStroking Caress," *Journal of Neuroscience* 34, no. 8 (2014): 2879–83.

145 Hakan Olausson et al., "Unmyelinated Tactile Afferents Signal Touch and Project to Insular Cortex," *Nature Neuroscience* 5, no. 9 (2002): 900–4.

146 Miranda Olff et al., "The Role of Oxytocin in Social Bonding, Stress Regulation and Mental Health: An Update on the Moderating Effects of Context and Interindividual Differences," *Psychoneuroendocrinology* 38, no. 9 (2013): 1883–94, https://doi.org/10.1016/j.psyneuen.2013.06.019; Simone G. ShamayTsoory and Ahmad AbuAkel, "The Social Salience Hypothesis of Oxytocin," *Biological Psychiatry* 79, no. 3 (2016): 194–202, https://doi.org/10.1016/j.biopsych.2015.07.020.

147 Annaliese K. Beery, "Antisocial Oxytocin: Complex Effects on Social Behavior," Current Opinion in Behavioral Sciences 6 (2015): 174– 82, https:// www.sciencedirect.com/science/article/pii/S2352154615001461.

148 Claudia Mertens and Dennis C. Turner, "Experimental Analysis of HumanCat Interactions During First Encounters," *Anthrozoös* 2, no. 2 (1988): 83–97.

149 Sarah Louise Brown, "The Social Behaviour of Neutered Domestic Cats (*Felis catus*)" (PhD diss., University of Southampton, 1993).

150 E. R. Guthrie and G. P. Horton, *Cats in a Puzzle Box* (New York: Rinehart, 1946).

151 Bruce R. Moore and Susan Stuttard, "Dr. Guthrie and Felis domesticus or: Tripping over the Cat," *Science* 205, no. 4410 (1979): 1031–3.

152 Claudia Mertens, "HumanCat Interactions in the Home Setting," *Anthrozoös* 4, no. 4 (1991): 214–31.

153 Matilda Eriksson, Linda J. Keeling, and Therese Rehn, "Cats and Owners Interact More with Each Other After a Longer Duration of Separation," *PLoS One* 12, no. 10 (2017): e0185599. And also Matilda Eriksson, "The Effect of Time Left Alone on Cat Behaviour" (master's thesis, University of Uppsala, 2015).

154 Therese Rehn and Linda J. Keeling, "The Effect of Time Left Alone at Home on Dog Welfare," *Applied Animal Behaviour Science* 129, no. 2–4 (2011): 129–35.

155 John W. S. Bradshaw and Sarah E. Cook, "Patterns of Pet Cat Behaviour at Feeding Occasions," *Applied Animal Behaviour Science* 47, no. 1–2 (1996):

61–74.

156 Claudia Edwards et al., "Experimental Evaluation of Attachment Behaviors in Owned Cats," *Journal of Veterinary Behavior* 2, no. 4 (2007): 119–25.

157 Therese Rehn et al., "Dogs' Endocrine and Behavioural Responses at Reunion Are Affected by How the Human Initiates Contact," *Physiology & Behavior* 124 (2014): 45–53.

158 N. Gourkow, S. C. Hamon, and C. J. C. Phillips, "Effect of Gentle Stroking and Vocalization on Behaviour,Mucosal Immunity and Upper Respiratory Disease in Anxious Shelter Cats," *Preventive Veterinary Medicine* 117, no. 1 (2014): 266–75.

159 Sita Liu et al., "The Effects of the Frequency and Method of Gentling on the Behavior of Cats in Shelters," *Journal of Veterinary Behavior* 39 (2020): 47–56.

160 Penny Bernstein, "The Human-Cat Relationship," in *The Welfare of Cats*, ed. Irene Rochlitz (Dordrecht, Netherlands: Springer, 2007), 47–89.

161 Sarah L. H. Ellis et al., "The Influence of Body Region, Handler Familiarity and Order of Region Handled on the Domestic Cat's Response to Being Stroked," *Applied Animal Behaviour Science* 173 (2015): 60–7.

162 Claudia Schmied et al., "Stroking of Different Body Regions by a Human: Effects on Behaviour and Heart Rate of Dairy Cows," *Applied Animal Behaviour Science* 109, no. 1 (2008): 25–38.

163 Chantal Triscoli et al., "Touch Between Romantic Partners: Being Stroked Is More Pleasant Than Stroking and Decelerates Heart Rate," *Physiology & Behavior* 177 (2017): 169–75.

164 Elizabeth A. Johnson et al., "Exploring Women's Oxytocin Responses to Interactions with Their Pet Cats," *PeerJ* 9 (2021): e12393.

165 Ai Kobayashi et al., "The Effects of Touching and Stroking a Cat on the Inferior Frontal Gyrus in People," *Anthrozoös* 30, no. 3 (2017): 473–86, https:// doi.org/10.1080/08927936.2017.1335115.

166 Daniela Ramos and Daniel S. Mills, "Human Directed Aggression in Brazilian Domestic Cats: Owner Reported Prevalence, Contexts and Risk Factors," *Journal of Feline Medicine and Surgery* 11, no. 10 (2009): 835–41, https://doi.org/10.1016/j.jfms.2009.04.006.

167 Chantal Triscoli, Rochelle Ackerley, and Uta Sailer, "Touch Satiety: Differential Effects of Stroking Velocity on Liking and Wanting Touch

over Repetitions," *PLoS One* 9, no. 11 (2014): e113425.

168 Cátia CorreiaCaeiro, Anne M. Burrows, and Bridget M. Waller, "Development and Application of CatFACS: Are Human Cat Adopters Influenced by Cat Facial Expressions?" *Applied Animal Behaviour Science* 189 (2017): 66–78.

169 James Herriot, *James Herriot's Cat Stories*, 2nd ed. (New York: St. Martin's Press, 2015).

06 观察对方的眼睛

170 Phyllis Chesler, "Maternal Influence in Learning by Observation in Kittens," *Science* 166, no. 3907 (1969): 901–3, https://doi.org/10.1126/science.166.3907.901.

171 E. Roy John et al., "Observation Learning in Cats," *Science* 159, no. 3822 (1968): 1489– 91, https:// doi.org/10.1126/science.159.3822.1489.

172 Jean Piaget, *The Construction of Reality in the Child*, trans. Margaret Cook (Oxford, UK: Routledge, 2013).

173 Sonia Goulet, François Y. Doré, and Robert Rousseau, "Object Permanence and Working Memory in Cats *(Felis catus)*," *Journal of Experimental Psychology*: Animal Behavior Processes 20, no. 4 (1994): 347–65, https:// doi.org/10.1037/0097-7403.20.4.347.

174 Sylvain Fiset and François Y. Doré, "Duration of Cats' *(Felis catus)* Working Memory for Disappearing Objects," *Animal Cognition* 9, no. 1 (2006): 62–70, https:// doi.org/10.1007/s100710050005-4.

175 Hitomi Chijiiwa et al., "Dogs and Cats Prioritize Human Action: Choosing a NowEmpty Instead of a Still-Baited Container," *Animal Cognition* 24, no. 1 (2021): 65–73.

176 Jane L. Dards, "The Behaviour of Dockyard Cats: Interactions of Adult Males," *Applied Animal Ethology* 10, no. 1– 2 (1983): 133–53.

177 Unpublished data in: John Bradshaw and Charlotte CameronBeaumont, "The Signaling Repertoire of the Domestic Cat and Its Undomesticated Relatives," *in The Domestic Cat: The Biology of Its Behaviour*, 2nd ed., ed. Dennis C. Turner and Patrick Bateson (Cambridge: Cambridge University Press, 2000).

178 Deborah Goodwin and John W. S. Bradshaw, "Gaze and Mutual Gaze: Its Importance in Cat/Human and Cat/Cat Interactions," Conference

Proceedings of the International Society for Anthrozoology (Boston, 1997).

179 Georg Simmel, "Sociology of the Senses: Visual Interaction," *in Introduction to the Science of Sociology*, eds. E. R. Park and E. W. Burgess (Chicago: University of Chicago Press, 1921), 356–61.

180 Nicola Binetti et al., "Pupil Dilation as an Index of Preferred Mutual Gaze Duration," *Royal Society Open Science* 3, no. 7 (2016): 160086, http://dx.doi.org/10.1098/rsos.160086.

181 Deborah Goodwin and John W. S. Bradshaw, "Regulation of Interactions Between Cats and Humans by Gaze and Mutual Gaze," Abstracts from International Society for Anthrozoology Conference (Prague, 1998).

182 Marine Grandgeorge et al., "Visual Attention Patterns Differ in Dog vs. Cat Interactions with Children with Typical Development or Autism Spectrum Disorders," *Frontiers in Psychology* 11 (2020): 2047.

183 Ádám Miklósi et al., "A Comparative Study of the Use of Visual Communicative Signals in Interactions Between Dogs (*Canis familiaris*) and Humans and Cats (*Felis catus*) and Humans," *Journal of Comparative Psychology* 119, no. 2 (2005): 179– 86, https://doi.org/10.1037/0735-7036.119.2.179.

184 Lingna Zhang et al., "Feline Communication Strategies When Presented with an Unsolvable Task: The Attentional State of the Person Matters," *Animal Cognition* 24, no. 5 (2021): 1109–19.

185 Lea M. Hudson, "Comparison of Canine and Feline Gazing Behavior" (Honors College thesis, Oregon State University,2018), https://ir.library. oregonstate.edu/concern/honors_college_theses/m900p083f.

186 Péter Pongrácz, Julianna Szulamit Szapu, and Tamás Faragó, "Cats (*Felis silvestris catus*) Read Human Gaze for Referential Information," *Intelligence* 74 (2019): 43–52.

187 Tibor Tauzin et al., "The Order of Ostensive and Referential Signals Affects Dogs' Responsiveness When Interacting with a Human," *Animal Cognition* 18, no. 4 (2015): 975– 9, https:// doi.org/10.1007/s10071-0150857-1.

188 Miklósi et al., "A Comparative Study of the Use of Visual Communicative Signals."

189 Ádám Miklosi and Krisztina Soproni, "A Comparative Analysis of Animals' Understanding of the Human Pointing Gesture," *Animal Cognition* 9 (2006): 81–93.

190 "Moggies Remain a Mystery to Many, Suggests Survey," Cats Protection, https:// www.cats.org.uk/mediacentre/pressreleases/behavioursurvey.

191 Péter Pongrácz and Julianna Szulamit Szapu, "The SocioCognitive Relationship Between Cats and Humans—Companion Cats (*Felis catus*) as Their Owners See Them," *Applied Animal Behaviour Science* 207 (2018): 57–66.

192 Tasmin Humphrey et al., "The Role of Cat Eye Narrowing Movements in CatHuman Communication," *Scientific Reports* 10, no. 1 (2020): 16503.

193 Tasmin Humphrey et al., "Slow Blink Eye Closure in Shelter Cats Is Related to Quicker Adoption," *Animals* 10, no. 12 (2020): 2256.

194 Guillaume-Benjamin Duchenne de Boulogne, *The Mechanism of Human Facial Expression*, trans. R. Andrew Cuthbertson (Cambridge: Cambridge University Press, 1990).

195 Sarah D. Gunnery, Judith A. Hall, and Mollie A. Ruben, "The Deliberate Duchenne Smile: Individual Differences in Expressive Control," *Journal of Nonverbal Behavior* 37, no. 1 (2013): 29–41.

07 各种情况都会发生

196 Inga Moore, *Six-Dinner Sid* (New York: Aladdin, 2004).

197 Roger G. Kuo, "Psychologist Finds Shyness Inherited, but Not Permanent," *Harvard Crimson*, March 4,1991, https://www.thecrimson.com/article/1991/3/4/psychologistfindsshynessinheritedbutnot/.

198 多年来，许多研究人员对这个主题进行了研究，克里斯托弗·J. 索托 (Christopher J. Soto) 和约书亚·J. 杰克逊 (Joshua J. Jackson) 对此进行了总结，见 "FiveFactor Model of Personality," in *Oxford Bibliographies in Psychology*, ed. Dana S. Dunn (New York: Oxford University Press, 2020)。

199 Melanie Dammhahn et al., "Of City and Village Mice: Behavioural Adjustments of Striped Field Mice to Urban Environments," *Scientific Reports* 10, no. 1 (2020): 13056.

200 Eugenia Natoli et al., "Bold Attitude Makes Male Urban Feral Domestic Cats More Vulnerable to Feline Immunodeficiency Virus," *Neuroscience and Biobehavioral Reviews* 29, no. 1 (2005): 151–7.

201 Julie Feaver, Michael Mendl, and Patrick Bateson, "A Method for Rating the Individual Distinctiveness of Domestic Cats," *Animal Behaviour* 34, no. 4 (1986): 1016–25.

202 Carla Litchfield et al., "The 'Feline Five': An Exploration of Personality in

Pet Cats (*Felis catus*)," *PLoS One* 12, no. 8 (2017): e0183455.

203 Eileen B. Karsh and Dennis C. Turner, "The HumanCat Relationship," *in* *The Domestic Cat: The Biology of Its Behaviour*, ed. Dennis C. Turner and Patrick G. Bateson (Cambridge: Cambridge University Press, 1988), 159–77.

204 Sandra McCune, "The Impact of Paternity and Early Socialisation on the Development of Cats' Behaviour to People and Novel Objects," *Applied Animal Behaviour Science* 45, no. 1– 2 (1995): 109–24.

205 Data is from Figures 1 and 2 in the paper: Ludovic Say, Dominique Pontier, and Eugenia Natoli, "High Variation in Multiple Paternity of Domestic Cats (*Felis catus L.*) in Relation to Environmental Conditions," *Proceedings of the Royal Society B*: Biological Sciences266, no. 1433 (1999): 2071–4.

206 Sarah E. Lowe and John W. S. Bradshaw, "Ontogeny of Individuality in the Domestic Cat in the Home Environment," *Animal Behaviour* 61, no. 1 (2001): 231–7.

207 Rush Shippen Huidekoper, *The Cat, a Guide to the Classification and Varieties of Cats and a Short Treatise upon Their Care, Diseases, and Treatment* (New York: D. Appleton, 1895).

208 Mikel M. Delgado, Jacqueline D. Munera, and Gretchen M. Reevy, "Human Perceptions of Coat Color as an Indicator of Domestic Cat Personality," *Anthrozoös* 25, no. 4 (2012): 427–40, https://doi.org/10.2752/17530371 2X13479798785779.

209 Mónica Teresa GonzálezRamírez and René LanderoHernández, "Cat Coat Color, Personality Traits and the CatOwner Relationship Scale: A Study with Cat Owners in Mexico," *Animals* 12, no. 8 (2022): 1030, https://doi.org/10.3390/ani12081030.

210 Haylie D. Jones and Christian L. Hart, "Black Cat Bias: Prevalence and Predictors," *Psychological Reports* 123, no. 4 (2020): 1198–206.

211 Peter W. Hellyer, "Cats in Animal Shelters: Exploring the Common Perception That Black Cats Take Longer to Adopt," *Open Veterinary Science Journal* 7, no. 1 (2013).

212 Milla Salonen et al., "Breed Differences of Heritable Behaviour Traits in Cats," *Scientific Reports* 9, no. 1 (2019): 7949.

213 Minori Arahori et al., "The Oxytocin Receptor Gene (OXTR) Polymorphism in Cats (Felis catus) Is Associated with 'Roughness' Assessed by Owners," *Journal of Veterinary Behavior* 11 (2016): 109–12.

214 Michael M. Roy and Nicholas J. S. Christenfeld, "Do Dogs Resemble Their Owners?" *Psychological Science* 15, no. 5 (2004): 361–3.

215 Lawrence Weinstein and Ralph Alexander, "College Students and Their Cats," *College Student Journal* 44, no. 3 (2010): 626–8.

216 Kurt Kotrschal et al., "Human and Cat Personalities: Building the Bond from Both Sides," *in The Domestic Cat: The Biology of Its Behaviour*, 3rd ed., ed. Dennis C. Turner and Patrick Bateson (Cambridge, UK: Cambridge University Press, 2014), 113–29.

217 Lauren R. Finka et al., "Owner Personality and the Wellbeing of Their Cats Share Parallels with the Parent-Child Relationship," *PloS One* 14, no. 2 (2019): e0211862.

218 Dennis C. Turner, "The Ethology of the HumanCat Relationship," *Schweizer Archiv fur Tierheilkunde* 133, no. 2 (1991): 63–70.

219 Kotrschal et al., "Human and Cat Personalities."

08 有它们陪伴的快乐

220 Claudia Mertens and Dennis C. Turner, "Experimental Analysis of HumanCat Interactions During First Encounters," *Anthrozoös* 2, no. 2 (1988): 83–97.

221 Claudia Mertens, "Human-Cat Interactions in the Home Setting," *Anthrozoös* 4, no. 4 (1991): 214–31.

222 Dennis C. Turner, "The Mechanics of Social Interactions Between Cats and Their Owners," *Frontiers in Veterinary Science* 8 (2021): 292.

223 Robert A. Hinde, "On Describing Relationships," *Journal of Child Psychology and Psychiatry* 17, no. 1 (1976): 1–19.

224 Manuela Wedl et al., "Factors Influencing the Temporal Patterns of Dyadic Behaviours and Interactions Between Domestic Cats and Their Owners," *Behavioural Processes* 86, no. 1 (2011): 58–67.

225 丹尼斯·特纳在他的总结论文《猫与主人之间的社交互动机制》（*The Mechanics of Social Interactions Between Cats and Their Owners.*）中对此进行了讨论。

226 Daniela Ramos et al., "Are Cats (*Felis catus*) from MultiCat Households More Stressed? Evidence from Assessment of Fecal Glucocorticoid Metabolite Analysis," Physiology & Behavior122 (2013): 72–5.

227 Camilla Haywood et al., "Providing Humans with Practical, Best Practice

Handling Guidelines During HumanCat Interactions Increases Cats' Affiliative Behaviour and Reduces Aggression and Signs of Conflict," *Frontiers in Veterinary Science* 8 (2021): 835.

228 W. L. Alden, "Postal Cats," in *Domestic Explosives and Other Sixth Column Fancies* (New York: Lovell, Adam, Wesson & Co., 1877), 192– 4, https://archive. org/details/domesticexplosi00aldegoog/page/n6/mode/2up.

229 Regina M. Bures, "Integrating Pets into the Family Life Cycle," in *Well-Being Over the Life Course*, ed. Regina M. Bures and Nancy R. Gee (New York: Springer, 2021), 11–23.

230 Esther M. C. Bouma, Marsha L. Reijgwart, and Arie Dijkstra, "Family Member, Best Friend, Child or 'Just' a Pet, Owners' Relationship Perceptions and Consequences for Their Cats," *International Journal of Environmental Research and Public Health* 19, no. 1 (2021): 193.

231 Fleur Dwyer, Pauleen C. Bennett, and Grahame J. Coleman, "Development of the Monash Dog Owner Relationship Scale (MDORS)," *Anthrozoös* 19, no. 3 (2006): 243–56.

232 Tiffani J. Howell et al., "Development of the CatOwner Relationship Scale (CORS)," *Behavioural Processes* 141, no. 3 (2017): 305–15.

233 Richard M. Emerson, "Social Exchange Theory," *Annual Review of Sociology* 2 (1976): 335–62.

234 Mayke Janssens et al., "The PetEffect in Daily Life: An Experience Sampling Study on Emotional Wellbeing in Pet Owners," *Anthrozoös* 33, no. 4 (2020): 579–88.

235 Gretchen M. Reevy and Mikel M. Delgado, "The Relationship Between Neuroticism Facets, Conscientiousness, and Human Attachment to Pet Cats," *Anthrozoös* 33, no. 3 (2020): 387–400, https://doi.org/10.1080/08 927936.2020.1746527.

236 Pim Martens, MarieJosé Enders-Slegers, and Jessica K. Walker, "The Emotional Lives of Companion Animals: Attachment and Subjective Claims by Owners of Cats and Dogs," *Anthrozoös* 29, no. 1 (2016): 73–88.

237 可以根据以下信息更详细地探讨玛丽·安斯沃思的作品 : Mary D. S. Ainsworth et al., *Strange Situation Procedure (SSP)*, APA PsycNet (1978), https:// doi.org/10.1037/t28248-000; Mary Ainsworth et al., *Patterns of Attachment: A Psychological Study of the Strange Situation* (London: Psychology Press, 2015).

238 József Topál et al., "Attachment Behavior in Dogs (*Canis familiaris*): A

New Application of Ainsworth's (1969) Strange Situation Test," *Journal of Comparative Psychology* 112, no. 3 (1998): 219–29.

239 Elyssa Payne, Pauleen C. Bennett, and Paul D. McGreevy, "Current Perspectives on Attachment and Bonding in the DogHuman Dyad," *Psychology Research and Behavior Management* 8 (2015): 71–9.

240 Claudia Edwards et al., "Experimental Evaluation of Attachment Behaviors in Owned Cats," *Journal of Veterinary Behavior* 2, no. 4 (2007): 119–25; Kristyn R. Vitale, Alexandra C. Behnke, and Monique A. R. Udell, "Attachment Bonds Between Domestic Cats and Humans," *Current Biology* 29, no. 18 (2019): R864–5.

241 Alice Potter and Daniel S. Mills, "Domestic Cats (*Felis silvestris catus*) Do Not Show Signs of Secure Attachment to Their Owners," *PLoS One* 10, no. 9 (2015): e0135109.

242 Mauro Ines, Claire RicciBonot, and Daniel S. Mills, "My Cat and Me— a Study of Cat Owner Perceptions of Their Bond and Relationship," *Animals* 11, no. 6 (2021): 1601.

243 Martens, EndersSlegers, and Walker, "The Emotional Lives of Companion Animals."

244 Ashley L. Elzerman et al., "Conflict and Affiliative Behavior Frequency Between Cats in MultiCat Households: A SurveyBased Study," *Journal of Feline Medicine and Surgery* 22, no. 8 (2020): 705–17.

245 The system has been up-dated over the years but its early development can be found in Paul Ek-man and Wallace V. Friesen, "Measuring Facial Movement," *Environmental Psychology and Nonverbal Behavior* 1 (1976): 56–5, https://www.paulekman.com/wp-content/uploads/2013/07/Measuring-Facial-Movement.pdf.

246 Bridget M. Waller et al., "Paedomorphic Facial Expressions Give Dogs a Selective Advantage," *PLoS One* 8, no. 12 (2013): e82686.

247 Cátia CorreiaCaeiro, Anne M. Burrows, and Bridget M. Waller, "Development and Application of CatFACS: Are Human Cat Adopters Influenced by Cat Facial Expressions?" *Applied Animal Behaviour Science* 189 (2017): 66–78.

248 Lauren Dawson et al., "Humans Can Identify Cats' Affective States from Subtle Facial Expressions," *Animal Welfare* 28, no. 4 (2019): 519–31.

249 Moriah Galvan and Jennifer Vonk, "Man's Other Best Friend: Domestic Cats (*F. silvestris catus*) and Their Discrimination of Human Emotion Cues,"

Animal Cognition 19, no. 1 (2016): 193–205.

250 这项研究还测试了猫识别其他猫的图像和声音匹配程度的能力。
Angelo Quaranta et al., "Emotion Recognition in Cats," *Animals* 10, no. 7 (2020): 1107.

251 One study put this to the test: Kristyn R. Vitale Shreve, Lindsay R. Mehrkam, and Monique A. R. Udell, "Social Interaction, Food, Scent or Toys? A Formal Assessment of Domestic Pet and Shelter Cat (*Felis silvestris catus*) Preferences,"*Behavioural Processes* 141, no. 3 (2017): 322–8.

结　语　适应力极强的猫

252 Katharine L. Simms, *They Walked Beside Me* (London: Hutchison and Co., 1954), 99.

253 在听说小黑最新的逃生技巧后，猫门制造商再次行动起来，为我们制作了一个特殊的猫门附加件，以防止小黑将其钩开。到目前为止，这让她陷入了困境，但我确信她正在秘密策划下一次逃跑。

索　引

（索引后页码为英文原版书页码，即本书页边码）

图书在版编目（CIP）数据

喵星语解密手册 /（英）莎拉·布朗（Sarah Brown）
著；许可欣译 .-- 北京：社会科学文献出版社，2025.
2.--ISBN 978-7-5228-4506-7

Ⅰ . S829.3-62

中国国家版本馆 CIP 数据核字第 202431RK73 号

喵星语解密手册

著　　者 / ［英］莎拉·布朗（Sarah Brown）
译　　者 / 许可欣

出 版 人 / 冀祥德
组稿编辑 / 杨　轩
责任编辑 / 胡圣楠
责任印制 / 王京美

出　　版 / 社会科学文献出版社（010）59367069
　　　　　地址：北京市北三环中路甲29号院华龙大厦　邮编：100029
　　　　　网址：www.ssap.com.cn
发　　行 / 社会科学文献出版社（010）59367028
印　　装 / 三河市东方印刷有限公司

规　　格 / 开　本：889mm × 1194mm　1/32
　　　　　印　张：8.25　字　数：185千字
版　　次 / 2025年2月第1版　2025年2月第1次印刷
书　　号 / ISBN 978-7-5228-4506-7
著作权合同
登 记 号 / 图字01-2025-0384号
定　　价 / 79. 00元

读者服务电话：4008918866